有些日子，你只能自己撑过去

沈莫尘◎著

中国纺织出版社有限公司

内 容 提 要

生活中，所谓的一帆风顺都只是我们美好的愿望，我们都不得不面对各种各样的苦难、折磨，然而，真正的成长就是残酷的，只有经历昨天的洗礼，才有今天欣慰的笑容。

本书以心态调整为主线，带领生活中正在遭遇生活折磨的人们领悟幸福的真谛，进而获得心平气和、从容不迫的心态，最终改善命运、远离厄运、得到福气。

图书在版编目（CIP）数据

有些日子，你只能自己撑过去 / 沈莫尘著，—北京：中国纺织出版社有限公司，2020.7
ISBN 978-7-5180-7278-1

Ⅰ.①有… Ⅱ.①沈… Ⅲ.①人生哲学—通俗读物
Ⅳ.①B821-49

中国版本图书馆CIP数据核字（2020）第054018号

责任编辑：闫　星　　责任校对：武凤余　　责任印制：储志伟

中国纺织出版社有限公司出版发行
地址：北京市朝阳区百子湾东里A407号楼　邮政编码：100124
销售电话：010—67004422　传真：010—87155801
http://www.c-textilep.com
中国纺织出版社天猫旗舰店
官方微博http：//weibo.com/2119887771
天津千鹤文化传播有限公司印刷　各地新华书店经销
2020年7月第1版第1次印刷
开本：710×1000　1/16　印张：13
字数：128千字　定价：39.80元

前言

生活中，人生苦短，须臾间即逝，我们可以拒绝很多事，却无法拒绝成长，成长的过程就是心智不断磨炼成熟的过程。成长是残酷的，成长路上，我们每个人都会遇到一些难熬的日子，这样的日子是痛苦的：要么是无法抗拒的天灾、人祸，如地质灾害、突如其来的生命危险、至亲的人离去等，要么是我们人生中的重大挫折，如事业失败、失恋、婚姻破裂等。也许一些人会说，自己在这两方面的运气都很好，没吃过什么苦头、家庭幸福、事业顺利、双亲健在，但即便如此，还是无法避免我们要承受最后一大苦难——死亡。为此，有人说，人从呱呱坠地开始，就已经在承受磨难了。此话不假，只不过一些人在成长的过程中，能摆平心态、勇敢面对，超越了磨难，他们的脸上，总是挂满笑容，他们总是能用积极的能量感染周围的人，然而，也有一些人，面对折磨听天由命，最终消极疲惫地度过一生。那么，你想做哪种人？

我们每个人都渴望幸福，都不希望人生路上遇到难熬的日子，但这样的日子，我们只有自己撑过去，只有自己经受。熬过了这段日子，能唤醒我们的灵魂，能让我们更坚韧，所以，我们只有学会坚强，人生才会更完满。

的确，我们所处的世界就是如此，如果我们无法改变世界，就要学会接纳，并改变自己的心态，这样，我们的眼前就会呈现出完全不同的景色。

当然，真正让我们受折磨的来源并不一定是事物，还有人，如我们的竞争对手等，其实，我们也应该感谢折磨我们的人，正是因为他们的存在，才会让我们认识到发展自我的重要性，并且，他们就犹如一面铜镜，能照出你自己的特征，也能激励你去不断学习、不断发展。

所以，人生路上，在痛苦的日子里，我们不要自怨自艾，应该把它当成对我们的磨砺、对我们的祝愿。抱着这样的心态对待，我们就能不断成长和进步。

本书是一本心灵成长慰藉读物，编写本书的目的就是强调心态对于面对各种磨难、挫折的重要作用，以此来指导读者朋友们将人生路上的磨难看成历练自己的一剂强心针，让你能从更高层面去审视自己的人生，进而帮助你摆正心态、激发潜能，在折磨中调整情绪，重新获得动力冲向人生的顶峰。

作者

2019年12月

目录

第01章

别抱怨生活不如意，你必须改变自己

日常生活中，我们常常听到身边的人抱怨工作不如意、生活不幸福……抱怨就像瘟疫一样在我们周围蔓延，愈演愈烈。在他们看来，似乎从没有遇到顺心的事，无论何时，都能听到他们抱怨的声音，因为抱怨，他们把自己搞得很烦躁，而其实，没有一种生活是完美的，也没有一种真正让人满意的生活，如果我们能做到不抱怨，而是以一种积极的心态去努力进取，积极改变自己，那么，我们收获的将会更多。

抱怨毫无意义，不如积极改变自己

生活中，我们的耳边常常充斥着抱怨。这些愤愤不平的抱怨，甚至淹没了偶尔的感恩之声。渐渐地，原本崭露头角的感恩之心，也变得日渐暴戾，充满愤恨。其实，对于任何人来说，抱怨对我们的生活都是没有帮助的。人，是一种容易被暗示的物种。如果我们用截然相反的两种态度对待每天的自己，你就会发现抱怨与感恩对于你的影响是多么大。假设一：清晨起床，你对着镜子里的人微笑，你告诉自己，今天是美好的一天，我遇到的每个人都是美好的人，我所做的每件事都是美好的事。那么，你会怀着愉悦的心情走出家门，你会发现这一天过得的确非常美好。假设二：清晨起床，你对着镜子里的人愁眉苦脸，你告诉自己，今天是倒霉的一天，我还没睡醒就要起来挤地铁上班，也许还会闻到有人在地铁里吃韭菜馅的馅饼，我遇到的都是倒霉的事以及邪恶的、居心叵测的人，我怎样才能熬到晚上睡觉的时候呢？即使只是这样不同的两天，你也会发现自己的心情完全是两个极端。如果，你每天都在重复第二种假设，那么很快你会觉得活着就是一种折磨，是一种毫无意义的坚持，是一种向死而生的重复。反之，如果你每天都用假设一安排自己的生活，你会发现，越来越多的人回报你微笑，越来越多的人对你表现友善，你常常有额外的收获，让自己感动满满。自此，你的生活进入良性循环，即使你偶尔吃点儿小亏，也觉得自己很幸福，不值得为小事斤斤计较。这就是改变。

这些改变，不是因为别人震慑于你的威力，所以改变了自己对待你的行为，而是因为你改变了自己的心境，所以你觉得一切都美好了。你更加宽容地对待别人，别人也回报你友善。其实，没有人能主宰一切。世界上的芸芸众生，都有着自己生长和发展的规律。别说是复杂的人，就算是你养的小猫、小狗，你种的黄瓜、茄子，也不可能完全按照你的意愿行事。既然抱怨改变不了任何事情，我们为什么还要这么做呢？与其花费宝贵的时间去找人诉苦，不如用这些时间去郊外走走看看，放松心情，陶冶情操，也许会有意料之外的收获。

在这个世界上，人生而平等，没有谁是欠着谁的，也没有谁必须包容理解谁。除了父母能够最大限度的包容理解我们之外，我们只能自己去平衡自己的内心。甚至当我们长大成人后，不管是从肉体还是从精神层面都独立于父母，即使和父母之间，也需要我们去用心经营。

人们常说婚姻需要经营，其实，人世间的每一段相识、相遇的缘分，都需要我们用心去经营。记住，你微笑，别人会回报以微笑；你哭泣，别人会回报以哭泣。想要得到什么，你就要付出什么。我想，你一定不愿意得到别人的抱怨！

找准自己的位置，选择正确的人生路

生活中，总有些人盲目自大。他们把自己摆放在一个非常重要的位置，常常觉得一旦身边的人失去他，就失去了活着的意义。在单位里，有些人总觉得自己是不可或缺的，觉得一个部门失去了他，就再也转不灵了。其实，地球离了谁都照样转，没有人是不能缺少的。不乏有些人妄自尊大，觉得每个人都应该成为他的小喽喽。直到有一天，他离开了，才发现别人照样好好工作，按部就班，一切并没有像地震之后那般混乱。和这种人完全不同的是，还有些人总是自轻自贱，他们自己看不起自己，觉得自己是生活在社会最底层的，在单位里干的也是可有可无的工作，所以从来不把自己当回事，总觉得自己不管努力还是不努力，任何事情都不会有变化。所以，他们渐渐随波逐流，生活没有追求，工作没有激情，变成了一具行走的躯壳。

实际上，这两种人的心态都是不可取的。要知道，螺丝钉虽然小，但是钉在那里，一钉就是几十年。世界上，因为缺失一颗螺丝钉造成的惨祸并不在少数。反之，金字塔虽然很重要，如果真的有一天消失了，世界还是得照常运转。所以，不管是平凡的你我也好，还是伟人也好，都应该找准自己的位置。因为只有找准自己的位置，才能选择正确的人生之路，才能坚定不移地走下去，活出属于自己的精彩。

1881年9月25日，鲁迅先生诞生了。一百三十多年来，鲁迅先生之所以被世人铭记，并非是因为他的医术多么高明，而是因为他是一名优秀的民主战士。在中国遭受屈辱，被苦难凌虐的时候，他以手中的笔当枪，发表了数篇战斗的檄文，唤醒了国人的灵魂。

在近代文坛上，鲁迅先生是当之无愧的巨擘。他的小说作品思想深邃、言辞犀利。他的杂文铿锵有力、一字千金，充满对社会的批判精神。他是一位高产的作家，为世人贡献出无数呕心沥血的文学作品，所以，他是当之无愧的文学家。这样一位拿着笔的战士，远比数十位医生更加富有战斗力。

这一切，都是因为鲁迅先生很早就认清了自己，坚决地“弃医从文”。那个时代，国人文化程度普遍很低。虽然进行了洋务运动，但是在甲午战争中，北洋水师全军覆没，清政府没有任何资本再与西方列强抗争。为了振兴国运，很多知识分子都去其他国家求学，以期望能够掌握先进的科学技术，强盛国家。当时，鲁迅先生也正在日本留学，一个偶然的机会，他亲眼看到国人受到屠杀，但是百姓却争相围观。当时，鲁迅先生敏感的灵魂马上意识到，学医虽然能治愈人们身体上的疾病，却无法救赎人们日渐堕落、麻木不仁的灵魂。从此之后，他紧握手中的笔，就像战士握紧手里的钢枪，勇敢地投身到革命的洪流中，用笔尖刺破黑暗，让曙光透进社会，刺醒沉睡的人们。

鲁迅先生经过深刻而又痛苦的反思，意识到了中国落后的根本原因，不但是因为其他国家的强大，也是因为国人在两千多年的封建社会中，已经形成了根深蒂固的奴性。这种奴性，使他们在封建社会中臣服于皇帝，变得软弱可欺。现在，整个国家和民族又接连对列强低头，不管什么情况，都一味地割地赔款求和。所以，鲁迅先生找准了自己的位置，就是唤醒千千万万个麻木不醒的国民，让他们奋起反抗。也正因为如此，鲁迅先生的文字才那么有力，那么一针见血，那么有的放矢。除了深刻的小说，鲁迅先生还写了很多像匕首一样直戳反动统治者心窝的杂文，这些杂文鞭辟入里，使人的灵魂都为之震颤。

如果鲁迅先生没有“弃医从文”，那么，这个世界上肯定会多一个尽职尽责的好医生。但是，对于文坛来说，则是不可估量的损失。正是因为认清了自己的位置，鲁迅先生才果断地选择了自己的人生之路，并且坚定不移地走了下去。如今看来，鲁迅先生不仅影响了当代的文学青年，也一直在影响着后世。作为几代人的精神导师，他的成就是伟大的，是不可估量的。

每个人都有自己的长处和短处，每个人都有自己的优点和弱点。虽然，我们之中大多数人的能量不会像鲁迅先生那么大，但是，我们也依然应该找准自己的位置。因为只有准确定位，才能做出正确的人生决定，才能走出最精彩的人生之路！

一个人若想改变，必须从心开始

生活中，很多人抱怨命运不公，对于自己的现状也很不满意。但是他们除了喋喋不休的抱怨之外很少积极主动地做出改变，这也是他们总是维持现状的原因。归根结底，他们只是嘴上抱怨，心里却从未有过改变，因而他们虽然早就发现了问题的所在，却从未找到问题的根源，并且从未想出彻底解决问题的办法。在这种情况下，他们的命运如何能够发生改变呢?

真正的改变，必然源于我们的内心。一个人若想改变，也必须从心开始。正如人们常说的，心若改变，世界也随之改变。与此恰恰相反，心若不改变，则无论怎么抱怨，人生也不会随之改变的。从某种意义上说，心决定了我们人生的方向。南辕北辙的故事大家都看过，假若一个人在面对人生时，不能首先确定正确的方法，则无论怎么努力也是南辕北辙，甚至越努力还会越起到相反的效果，使自己违背初心，距离原本的目标越来越遥远。在这种情况下，心的方向无疑是人生发展的基础，一个人要想得到梦寐以求的人生，首先应该让自己的心找准方向，然后坚定执着地奔着目标而去。

改变人生，首先应该从改变自己开始。虽然我们每天看着镜子里的那张脸都觉得非常熟悉，但是仔细看去却难掩其陌生的本质。归根结底，我们并不能清醒地认识自己，每个人要想获得成功，首先要认清楚自己，其次还要做到理智客观地分析自己，这样才能扬长避短、取长补短，从而帮助自身博得人生的不断提升和改变。

大学毕业后，乔乔就回到村里成为一名小学老师。这样按部就班的生活过久了，她几乎每天都是家与学校两点一线，偶尔周末的时候也会去县城走走看看，溜达溜达，丝毫没有意识到自己的生活半径是如此之小，更不知道他人的世界是多么的海阔天空。

直到有一天，乔乔与阔别五六年的大学好友相见，当看到好友第一眼时，乔乔突然意识到了差距。好友一眼看去就是大城市的白领，不但衣着光鲜亮丽，气质也与她完全不同，乔乔的自卑心理油然而生。在与好友一番攀谈之后，乔乔更是意识到自己与好友的差距，很多从好友嘴巴里蹦出来的时髦话，她根本听听不懂，两个人之间出现了巨大的差别。在好友的影响下，乔乔开始对生活感到不满，她感慨地说：“在和你交谈之前，我还对生活很满足呢，觉得每天这样安安稳稳的也挺好。现在见到你我才知道，我这几年真的就像一片空白，完全可以把这1000多个日日夜夜变成一天，也毫无差别。”后来，乔乔经过一番慎重的思考，决定趁着自己还年轻，改变命运。她决绝地辞掉工作，和好友一起去了大城市打拼。刚开始时，乔乔并不习惯也不适应大城市的生活，总觉得太急躁和忙碌，也缺少了些人情味。但是她渐渐发现，大城市的生活非常充实，在大城市工作一天，也许相当于在老家生活三天，如此一来，岂不是拥有了三倍的人生？想到这里，乔乔又觉得很欣慰，她就像打了鸡血一样，终日奔波于大城市，变得和以前的自己越来越不同。

倘若不是好友的启发让乔乔的内心发生了翻天覆地的变化，也许乔乔在面对未来时，依然是不知所以的满足。当然，安稳的生活并非不好，只是对于年轻人而言，在该拼搏的年纪选择了安逸，未免有些遗憾。一年四季总有不同的景色供人欣赏，一生之中我们也应该有不同的状态，保证人生的完满和充实。倘若一个人年纪轻轻就开始享受垂暮的生活，即使岁月静好，也只怕会给人生留下遗憾。

人生不如意十之八九，任何情况下，我们都应该保持内心的积极。人生是用来拼搏的，而不是无谓地消耗。朋友们，不管你是否还年轻，都应该改变自己此刻的状态，让自己变得更加积极奋进，也让自己的人生变得更加与众不同。总而言之，我们唯有改变自己的内心，才能更好地改变人生，也改变我们所看到的世界。尤其是在遭遇困难的时候，更不要拘泥于此刻小小的不如意，而应该让目光看得长远一些，拥有大局观，从而才能帮助我们收获人生、改变人生、创造人生、成就人生！

勇于改变，努力选择新出路

常常有人想用一句话来总结人生，有人说人生是一趟终点未知的旅程，有人说人生就是不断尝试错误的过程，也有人说人生就是认识自己的过程，其实，人生是一个面对改变的过程。不管是主动求变还是被动改变，人生总是离不开改变。在这个世界上，绝对的不变是没有的。因为很多时候，即使你不改变，你外部的环境也在改变。有些人不喜欢改变，他们喜欢按部就班地生活和工作，数十年如一日。然而，总会有突发的状况出现，将你推到人生的十字路口，使你不得不选择，不得不面对。在这种情况下，最好的应对办法是把被动改变变成主动求变，在改变迫不得已之前，就努力地选择新出路。

其实，大多数人还是渴望改变的。试想，假如人生是数十年如一日的重复，那么活着还有什么意义呢？中国有句话，叫“树挪死，人挪活”。意思就是说，改变能够给我们的生活和工作带来新的机遇，甚至产生质的飞跃。尤其是在现代职场上，信息流通很快，工作的机会也越来越多，有些人利用跳槽的机会，突破发展的“瓶颈”。遗憾的是，其中也不乏一些人因为生活的压力，不敢换工作。他们或者买了房子、车子，甚至有了孩子，成为名副其实的“房奴”“车奴”“孩奴”，每个月都要还很多贷款，支付一些必不可少的开支。所以，即使现在的工作稍微有些不如意，他们也不敢轻易跳槽。他们有很多担心，万一跳槽之后不能及时找到工作呢？万一跳槽之后工资短期内没有现在高呢？万一跳槽之后还不上各种贷款呢？这些人，被压力限制住自己，不敢轻举妄动。笔者认为，如果现在的工作真的不如意，相信自己能够有更好的机遇，跳槽也并非完全不可取。毕竟，在看得见的现实面前，如果坚持已经没有意义，那么不如给自己一个机会，来得更好。

那一年，20岁的张楠大学毕业，幸运地进入政府机关工作。为此，班里的同学羡慕极了，要知道，这可是个地地道道的铁饭碗啊，以后就过着安定平稳的生活了。然而，几年之后，张楠辞掉了这份工作，毅然决然地进入一家电脑公司。在当时，电脑才刚刚兴起，身边的亲人朋友都很担心，劝说张楠不要辞职的也不在少数。但是张楠很坚定地说：“我的人生需要改变。”

进入电脑公司后，门外汉张楠从最简单的工作做起，每天在工作之余都要学习到很晚。为了让自己尽快熟悉电脑，她花掉全部的积蓄，购置了一台电脑。看到张楠如此疯狂，就连父母都不理解了。在很短的时间内，张楠对电脑越来越熟悉了。很快，她就成了公司的业务骨干。因为之前在政府部门工作的时候积累了很多人脉，张楠发挥自己的优势，很快就为公司拿下了好几笔订单。就这样，几年过去了，随着公司的发展，张楠成为公司的销售总监，主管公司在全国范围内的销售。

“永远不要害怕改变”，张楠用她的成功，给了我们深刻的启迪。很多事情，沿袭下来的未必就是最好的。只要我们想好了，就应该勇敢地去做。改变，是成功者进步的阶梯，即使失败了，也是经验的积累。改变，因你而生！

走自己向往的路，做自己喜欢的事

狄更斯说：我宁愿无怨无悔地粉身碎骨，也不愿平平安安地虚度一世。诚然，人生短短数十载，我们不需要处处都去将就别人，自己的生活本就应该由自己掌控。人生短暂，而虚度光阴则是非常痛苦的事情，一味地将就别人的喜好，那我们自己的人生还有何意义，我们的生命还有什么乐趣可言。如此，何不在有生之年，尽情展现自己的个性，走自己向往的路，做自己喜欢的事。当你能够不将就一切时，你会发现，生活也不会将就了你。

欣欣不是个聪明的孩子，当同龄人抱着大堆的奖状回家时，她只能耷拉着脑袋走在最后，本就不爱说话的性格变得更加沉闷。在她考高中那年，家里的经济状况实在不好，看着她的成绩单，欣欣的母亲很平静地对她说："没考上就别去上学了，家里条件没有那么好，你认得字能记账就够了。"欣欣虽然内向，但并不是个逆来顺受的孩子，她坚定地要求学习一门手艺。面对孩子肿得像桃子一样的眼睛，母亲又心软了："你若实在想读书，那妈砸锅卖铁也会供你读出来的。"

欣欣选择到一所艺术学校学习音乐，一节课的费用就够她一星期的生活费，可她还是找了学校最好的老师，她说那样她能学得更快一些。短短的3年，她在音乐上的进步令所有老师都吃惊，然而在报考中央音乐学院时，她因为文化课成绩不够，还是落榜了，只能勉强先上一所普通的音乐院校。而欣欣的母亲却很知足，她觉得自己的孩子那么愚笨，能走到今天这一步已经很不容易了，她甚至已经在为欣欣规划未来：毕业后，在本地的一所普通学校做音乐老师，在适当的年龄结婚生子，从此安安稳稳地过一生，就像自己一样。临近毕业，母亲也没有跟她商量，就帮她找了个合适的工作，满心欢喜地告诉了欣欣。可是欣欣想也没想就拒绝了，她的理由很简单，她还很年轻，不想那么早就把自己的一生都交付了，她还要去考研，还要为自己的未来去拼搏，欣欣的母亲一气之下与她断绝了联系。

再次见到欣欣时，她整个人瘦了十几斤，母亲心疼不已，欣欣却兴奋地告诉她，这段时间，她每天只睡四五个小时，剩下的时间都用来学习，通过努力，她已经拿到了中央音乐学校研究生的录取通知书了。得知这个消息，整个村庄都沸腾了，除了羡慕，乡亲们更多的是惊奇，大家记忆中的那个欣欣并不聪明，怎么就考上重点学校了呢？

欣欣没有回应乡亲们的疑虑，在研究生毕业后，她很顺利地进入了一家待遇、福利都很不错的公司。在忙于工作的过程中，母亲又开始催促她解决自己的婚姻大事问题。欣欣的态度还是依然的我行我素，即使参加了相亲，也没有对哪位男士产生好感。母亲有些着急，欣欣却回答说“您以为婚姻大事是挑衣服啊，合不合适的只有自己知道”，母亲被气得说不出话来。

后来，欣欣在自己30岁那年，风风光光地把自己嫁了，对方是个英俊多金的男孩，更难得的是对欣欣非常的体贴。在婚礼的前一天，欣欣和母亲在屋里说悄悄话，她第一次像一个害羞的小女生一样表示，这么多年，她总算遇到了一个让她满意的男人。母亲说那是她的性格太犟，若肯将就一下，生活就不会是这般辛苦。欣欣却说："我为什么一定要将就呢，若还没有去努力，就告诉自己将就着过一生，那什么努力都没有，更不会有什么好结果了，自己的美好生活是要靠自己努力得来的，从来都不是将就而来的。"

如果不想将就，那就只要最好的那样东西。当你想要获得更好的生活时，就会催生出一种信念去鼓舞你努力，比从前更努力，比别人付出更多，这样才能及早得到自己真正想要的事物。

当你不将就一切时，生活也不会将就了你，不将就是最好的生活态度，我们的人生要靠自己来主宰。为什么要因为别人的意愿而改变自己的人生轨迹？人生就是如此，将就的生活不是我们所追求的，我们要有勇气对将就说"不"。

第02章

给自己一个目标，一往无前才能到达彼岸

自古以来，无论是个人还是组织，凡能成大事者，不仅有雄才大略，更有一个指导行动的目标。同样，你如果也想成就卓越，活出一个不平凡的人生，那么，从现在起，就尽早为自己树立一个足以为之奋斗的理想吧。一个连想都不敢想的人又怎么会成功呢？

坚定目标，坚持不懈终会成功

成功的人，无一不是确立了人生的目标，最终通过不懈努力实现了目标。从本质上来说，成功就是实现一个有价值的目标。不过需要注意的是，成功对于每个人都有不同的意义和定位。伟大的人有伟大的成功，平凡的人有平凡的成功，因而我们无须只盯着他人炫目的成功看，最重要的是要拥有属于自己的成功。这就像是学生在学习的道路上追求成功，不是在几百甚至几千人里出类拔萃才叫成功，也不是在班级的几十人里考取第一名就是成功，而是和昨天的自己相比，只要今天有了一定的进步，就是成功。

由此可见，成功不可模仿，更不可照搬。既然我们每个人都应该有独属于自己的成功，那么我们更应该从此刻开始深入认识和了解自己，从而根据自身情况合理制订目标，然后坚持不懈、持之以恒地奋斗，从而获得成功。

古人云，有志者，事竟成。这句话的意思是说，一个人只有确立远大的志向，并且为其奋斗拼搏，才能获得成功。这其中的道理很容易明白。以跑步为例，假如一个人想要尽快到达终点，就要首先为自己确定终点。否则，漫无目的地跑下去，即使精疲力竭，也无法到达目的地，无法获得成功。成功的人生都是有规划的人生，当人生的前景清晰地勾画在我们心中，出现在我们眼前，我们有何理由不努力呢？此外，目标还能激励我们始终满怀激情，充满斗志，也更加坚韧不拔。没有人能够一蹴而就，在通往成功的人生路上，我们难免会遇到坎坷挫折，甚至遭遇看似无法渡过的绝境。在这种情况下，只有目标才能激励我们排除万难、奋勇向前，并超越一个又一个人生困境，最终到达成功的彼岸。

施瓦辛格一直以来都是一个目标明确的人。早在18岁的时候，正在服兵役的他为了实现自己的梦想，居然擅自脱离岗位，到达遥远的德国参加健美比赛，最终夺得青年欧洲先生的奖杯。当然，作为一名士兵，他也付出了代价，捧回奖杯的他被关了1周的禁闭，闭门思过。通过这次的冒险行为，施瓦辛格更加确定了要想实现梦想，就必须付诸行动，哪怕付出代价也应该在所不惜。

几年后，美国纽约举行国际健美比赛，施瓦辛格幸运地得到邀请，拥有了参赛资格。他本以为凭借强健的体魄，自己定能够成为当之无愧的健美先生。然而，这次命运没有一如既往地善待他，他失败了。这次失败就像是当头一棒，使盲目自信的他开始反思自身，也意识到自己还需要更加努力地学习，以充实自己。为此，当其他参赛选手都四处寻欢作乐时，他却专心致志地在公寓里看上一届获奖选手的录像。如此认真的态度，使他最终在这次比赛中夺得冠军，并且在此后5年的时间里始终蝉联冠军。

健美之王的荣誉，给施瓦辛格带来了表演的机会。他进军演艺圈，在第三部影片《饥肠辘辘》中就有了非常出色的表现，也因此得到了金球奖。然而，他并不感到满足，他一直以来都坚信自己会成为明星，所以这份荣耀对他而言也是意料之中的。后来，凭借在好莱坞大片《终结者》中的出色表演，他成为国际知名的影星。

这样的成就对于普通人而言无异于登峰造极，但是已经在影视圈名声大噪的施瓦辛格却仍不满足，他在56岁那年突发奇想，决定竞选加州州长。听到这个疯狂的想法，除了妻子之外，几乎所有人都反对。没有人知道，这是他一直以来的梦想。他心意已决，意志坚定，最终在州长竞选中胜出，由此，他真正实现了自己的人生梦想。在第一届任期期满之后，他更是以出色的政绩争取到连任。

这个原本非常瘦弱的奥地利男孩，为了圆满自己的美国之梦，付出了不懈的努力。在人生的漫长道路上，不管他采取怎样迂回曲折的方式，始终都在朝着自己的人生目标不断奋进，也从未曾有过任何一刻忘记自己的目标。倘若我们也像施瓦辛格这样对待人生如此坚定执着，我们的人生也必然能够出现新的超越，实现质的飞越。

现实生活中，有很多人都庸庸碌碌地度过一生，他们其实并非能力不足，也并非努力不够，而只是缺乏明确的目标，因而也就没有向着目标不懈进取的果敢和毅力。目标决定了我们人生最终到达的高度，这句话尽管并非绝对成立，但是很有道理。现在的我们也许还很卑微，默默无闻，但是只要我们为自己制订合理的目标，并且能够坚持不懈地朝着目标奋进，终有一天我们的人生会变得与众不同。

在制订目标时，首先，过于高远的目标会导致我们产生挫败感，因而我们的目标尽管要远大，但是应该在合理范围内，是我们努力之后就能实现的。其次，长期目标因为战线太长，不可能一蹴而就，因而我们也可以把目标进行分解，然后逐一实现短期目标，最终使短期目标促进长期目标的实现。最后，我们必须牢记古人所说的，千里之行，始于足下。任何伟大的目标或者人生的理想，倘若不能付诸实践，就会变成空想。同样的道理，目标制订得再好，也必须马上付诸实际行动，才能拥有切实的意义，也才能真正推动我们人生的发展。总而言之，目标坚定才能获得成功，朋友们，如果你们也渴望成功，那就马上行动起来制订目标，并且为了目标不懈努力吧！

赶超成功者，实现更高层次的卓越

人生中需要长期目标的指引，保证大方向的正确和不失偏颇。但是，就像漫长的旅途容易使人感到劳累一样，过久的拼搏奋斗却没有激励，同样会让人感到疲惫不堪。为此，很多人都把长期目标进行分解，使其成为若干个短期目标。当这些短期目标达到之后，人们就会感受到成功的喜悦，也会因此变得更加自信。

其实，除了分解目标之外，还可以采取为自己树立榜样的方式激励自己。尤其是选择身边熟悉的朋友或者同事，甚至是兄弟姐妹当榜样时，我们因为总是能够看到对方，切身感受到对方的成功，也就更容易受到鞭策和激励。而且，因为榜样是有血有肉鲜活的生命，所以榜样不但可以激励我们努力进取，寻求超越，也可以成为我们学习的对象。所谓青出于蓝而胜于蓝，当我们真正做到这一点，一定会收获巨大的成功和喜悦。毋庸置疑，超越成功者，我们就一定能够获得更大的成功。换言之，我们也只有获得比成功者更大的成功，才有可能超越作为榜样的成功者。

现实生活中，有很多人都做着白日梦，幻想着自己有一天一定能够变得非常伟大。实际上，一味地做白日梦并不能帮助我们实现理想，真正切实有效的方法是从熟悉的人中找一个人作为自己的目标，等到超越他之后，再重新确立一个更优秀的人作为自己的目标。如此一个一个优秀者挑战下来，你会发现自己就像登台阶一样，已经不知不觉进步了很多，人生也发生了翻天覆地的变化。

刚刚升入初三的羽凡突然感受到巨大的压力。原来，一直以来羽凡都很贪玩，但是初三的压力却使他清楚地意识到自己不能继续玩下去了，只有考上重点高中，才有可能进入名牌大学，由此进入人生的大舞台。羽凡可不想因为这一两年的玩耍导致一辈子都受到压制，他想为自己增加一双翅膀，从此展翅翱翔。

如何才能迅速取得进步呢？成绩在班级里处于中下水平的羽凡有些摸不着头脑，也貌似找不准方向。思来想去，他决定就从同桌下手。原来，每次考试，同桌的排名都比羽凡靠前五六名的样子。羽凡认为自己尽管求胜心切，但是心急吃不了热豆腐，也不能急于求成。就这样，尽管羽凡的目标是成为班级的尖子生，但是他却先把同桌看成了榜样和对手。经过1个月的刻苦努力之后，在月考中，羽凡的名次果然超过了同桌，甚至还比同桌靠前一名呢！这个小小的成功让羽凡非常高兴，也因而对自己更有信心了。接下来，他把坐在前排的琳娜订为目标。琳娜的成绩在班级的60个人中，排名30左右。如此一来，羽凡相当于在下一次考试中还要提高5名。

确定目标之后，羽凡继续努力，也因为提高5名并不需要过多的分数，所以他心理上相对也比较轻松。为了尽快提高分数，他先从弱项英语下手，每天早晨都早起背诵英语单词，朗读英语，果不其然，英语的上升空间很大，羽凡的总分居然上升了8个名次。接下来的时间里，他把目标定为班级排名20的小风。只需要再进步2个名次，羽凡的目标是精益求精，也许只要少因为粗心错一题，目标就能实现。期中考试时，羽凡非常认真细心，居然戒掉了粗心的毛病，如愿以偿地把名次提高了2名。如此循环往复，在初三结束的中考上，羽凡顺利考入班级前五名，进入了梦寐以求的重点高中，也让老师、同学以及父母刮目相看。

毋庸置疑，假如羽凡在班级排名40左右的情况下，想要一步登天地考入前5名，这几乎是不可能实现的，反而还会因此给予羽凡巨大的压力，最终导致事与愿违。如此循序渐进，把身边比自己更优秀的同学作为目标去追赶，去超越，效果自然事半功倍。此外，羽凡还能从一次次的暂时成功中获得信心，从而使自己的提升计划进入良性循环，也给予了他更大的力量。

其实，这种超越成功者的方法不仅仅适用于学习，也适用于人生中的方方面面。如在职场上，我们不可能从一个普通职员一跃成为高层管理者，所谓饭要一口一口地吃，路要一步一步地走。当你处于公司基层时，千万不要这山望着那山高，更不要眼高手低。唯有脚踏实地地勤奋工作，让自己一个台阶一个台阶地往上攀登，才能最终实现人生目标，也完成自己的梦想。

现代职场竞争异常激烈，每个人都要靠自己的实力才能得到长足的发展。假如我们一味地沉浸在对美好未来的幻想中，甚至把目标订得过高且不切实际，我们的自信心就会备受打击，导致事与愿违。那些成功人士都有自身的独特之处，我们可以学习他们的成功经验，却不能盲目照搬他们的成功模式。所以，我们最需要做的就是向成功者学习，赶超成功者，实现更高层次的卓越。

任何事情，半途而废都会徒劳无获

俗话说，有志者立长志，无志者常立志。这句话的意思是说，有志气的人一旦立志，就会坚定不移地去做，即使遇到困难也不退缩，而没有志气的人呢，他们经常立志，却没有毅力去做，所以常常放弃，常常立志。毫无疑问，做同一件事情，一定是有志气的人才能做成功，没有志气的人只会像寒号鸟一样天天哀嚎。其实，这个世界上没有任何事情可以一蹴而就，包括你的一段感情，你做的一份工作。没有长时间的投入和全心全意的坚持，不管是在感情上还是在工作上，你都会徒劳无获。

那么，有什么事情是一路坦途就能够成功的吗？答案是没有。我们做任何事情，都会遇到困难。之所以结果不同，是因为每个人面对困难的态度不同，有的人知难而退，有的人迎难而上。毫无疑问，大多数成功者是迎难而上的人。他们都有足够的勇气，能坚持不懈地去努力，即使遭遇很多坎坷和挫折，也绝对不轻易说放弃。

坚持，对于任何事情的成功和所有心愿的达成，都有着无可替代的作用。一旦半途而废，不但前面付出的所有努力都会付诸东流，甚至还会影响之后的生活和工作。现代社会是一个讲究团结协作的社会，但是谁愿意和一个半途而废的人合作呢？如果在工作中犯了半途而废的错误，就会被团队中的小伙伴们鄙视，甚至他们下次会拒绝与你合作，那么损失将会不可估量。在团队协同作战之中，有一个木桶理论。大概的意思是说，用很多块木板组成一只木桶，这只木桶能装多少水，并非取决于这只木桶中最长的木板，而是取决于这只木桶最短的那块木板。所以，你千万不要觉得半途而废是你一个人的事情，在团队协作的过程中，你的半途而废让全体成员所能坚持的程度都大打折扣。

在公司，小敏是出了名的娇小姐。所以，在同事之间需要协作完成一件工作的时候，大家都不愿意和她在一个团队。刚开始的时候，领导以为大家是担心和小敏一个团队吃亏，因为她娇滴滴的，工作效率很低。后来，领导发现小敏对于其他人的负面作用还远远不止如此。

为了安排小敏，领导费尽了心思。有一次，他甚至专门为小敏组建了一个“老实人团队”。当然，大家并不知道这个称呼，这个称呼是领导自己心里的。这个团队里都是领导精心挑选出来的人，这些人都非常实在，不会因为小敏干活多或者少，而心里不高兴。原本，领导以为这样就可以避免小敏影响其他人工作时的愉快情绪。后来的事实却让他很惊讶，因为这个“老实人团队”居然没有完成任务就作鸟兽状分散了。领导问及组长这一切如何解释，组长老老实实地说：“原本，大家根本没指望小敏干多少活儿，只要她不跟着添乱就行了。后来发现，事实不是这样的。小敏不干活的时候会不停地在一旁抱怨，说工作太困难了，方案不合理，不应该被执行。”起初，大家并不在意她说的话，后来她经常说，大家看到她已经彻底放弃，就都心思动摇了。

发生这件事情之后，领导意识到了事情的严重性。原来，一个总是喜欢半途而废的人，对其他人最大的负面影响并非是让多干的人觉得不平衡，而是会导致其他人也产生半途而废的心思。想清楚这一点，领导再也不管小敏是老总侄女的事情了，而是当机立断，把她辞退了。

很多时候，虽然领导的理想状态是看到每个员工都拼尽全力地去工作，但是员工的水平和素质却参差不齐。所以，领导还要学会包容这些人，即使其中有些人有点儿小毛病，但只要不是让人难以容忍的，领导还是会通融的。事例中的领导原本也是这样的心态，尤其是娇娇女小敏还是总经理的侄女。然而，在看到因为小敏的影响，整个团队都没有完成工作之后，领导终于意识到事情的严重性，果断将其辞退。

对于我们来说，不管做人还是做事，都应该有韧性，不要轻易放弃。而且，我们还应该吸取小敏的教训，当在团队中和其他人一起工作的时候，尤其不能半途而废。因为一个人半途而废影响的是自己，在一群人中半途而废则影响的是一个团队。人是很容易受到心理暗示的，这也是现在的公司在招聘的时候都再三强调正能量的原因。

职场达人们，记住哦，不管什么样的行业和用人单位，都不欢迎做事情半途而废的人。如果你有这样的小缺点，那就赶快改正吧！

目标太远，就会变得很渺茫

随着社会的发展，人们的野心也在急剧膨胀着。越来越多的人怀揣远大的理想，恨不得自己就是下一个李嘉诚、下一个比尔盖茨、下一个莫言……志向高远没有错，不过，如果志向过于远大，成功的希望就会变得很渺茫，看起来无法实现的目标，是不能有效地激励人们的。

举例来说，如果一个作家给自己定一个目标——每个月完成10万字的书稿，这是可以实现的。但是，假如这个作家立下伟大的目标——每个月完成100万字，那么最终的结果就是，他连1万字也没有完成，因为目标太大了，他根本无法完成，所以就选择了放弃。这就是人们的叛逆心理。虽然目标是自己给自己定立的，但是人们依然无法摆脱这样的心理。所以，在设定目标的时候，我们应该根据自己的实际情况，为自己设定一个通过努力能够实现的目标。只有这样的目标，才能有效激励我们，向着目标前进。形象地说，就像爬泰山，不管我们多么心急，也必须一步一个台阶地往上爬，而不能奢求一步登天。如果有人要求你一步登天，你一定会放弃，因为这个目标是不可能实现的。所谓的目标，一定要是切合实际的、通过努力能够实现的。

人的心理是很容易受到暗示的，与其设定一个远大目标让自己在挫败感中放弃，不如设定一个近期目标，让自己在一次次成功的喜悦中再接再厉，继续努力拼搏！

走到路的尽头，才会看到最期待的人生

常言道，人生犹如逆水行舟，不进则退。这句话非常形象地为我们揭示了一个真理，即人生就像洪流，带着人们滚滚而前，如果有人在洪流中停下脚步，那么很快就会被甩下。这也就注定了我们在人生之中的任何时候，都要保持努力进步的姿态，否则，人生就会退步。举个形象的例子，假如你此时此刻置身于静止的车流中，那么在车流未动之前，你并不觉得孤单。然而一旦车流开始通行，你却依然保持原地不动，那么你就会被无数的车辆超越，远远地落在后面。不进则退，说的正是这个道理。

不可否认，人生路上充满了坎坷和挫折。很多人在面对人生的磨难时，曾经不止一次地想到要放弃。然而，放弃只会让你的人生路程戛然而止，再次重新开辟道路，也未必能够一帆风顺。明智的人从不会轻易放弃，他们知道最美的风景在山顶，笑到最后的人才是笑得最好的人，也知道只有走到路的尽头，才会看到最期待的人生。因而，他们不管遇到多大的困难，始终埋头苦干，从不轻言放弃。最终，他们获得了成功，实现了自己的梦想，也得到了最好的未来。

在美丽的乡下，夏日的午后一片静谧。鸭妈妈的身底下有了5个毛茸茸的生命在蠕动，其中有4只都是嫩黄色的小鸭子，只有一只小鸭子与众不同，长着白乎乎的大脑袋，看起来非常丑陋。而且，这只丑小鸭的叫声也很奇怪，不像其他小鸭子那样细弱，而是非常难听且粗糙的。就连鸭爸爸也嫌弃地说："上帝啊，它的声音可真难听，一点儿也不可爱。它为什么会是这样的呢？"听到鸭爸爸的话，4只黄小鸭围着丑小鸭嚣张地喊道："啊，它真是太丑啦，太丑啦！"说完，它们就跟在摇摇摆摆的鸭妈妈身后去游泳了，只剩下可怜的丑小鸭暗自啜泣。

丑小鸭四处走走看看，很快来到灌木丛里的鸟窝旁。它很冷，想要钻进鸟窝暖和暖和，但是小鸟们毫不客气地说："你的声音太难听啦，难道你妈妈没有教会你怎么唱歌吗？"丑小鸭伤心地说："我妈妈讨厌我！"这时，恰巧外出觅食的鸟妈妈回来了，她看到丑小鸭马上扑上去扑打起来，丑小鸭吓得赶紧钻进灌木丛中，伤心地哭泣起来。

丑小鸭一个人孤独地生活，很久之后的某一天，它突然听到从湖水里传来和自己一样的叫声。它惊喜万分，赶紧冲到湖边去看，却看到水里有4只和自己一模一样的丑小鸭。它们也长着白白的绒毛，脑袋大大的。看到丑小鸭，它们热情地喊它一起练习游泳。这时，丑小鸭突然哭泣起来，哽咽着说："你们到底是谁，为什么和我长得一样？"这时，一只美丽的白天鹅游过来，爱抚地看着丑小鸭，说："孩子，天气这么好，你应该尽情玩耍啊！"丑小鸭问："为什么我长得这么丑呢！"白天鹅笑了，说："你根本不丑啊，你是一只美丽的白天鹅。早晚有一天，你一定会在湖里快乐地生活，成为这片湖里最美丽的精灵！"听了白天鹅的话，丑小鸭再也不感到自卑了。它每天都和伙伴们一起辛苦地练习游泳，还渐渐学会了飞翔。看着在天空中翱翔的丑小鸭，曾经的那些小鸭子都羡慕极了。

阳光总在风雨后，只有历经艰难，我们才能如愿以偿地褪去青涩，成为最引人注意的一个。其实，人生也恰如丑小鸭所经历的成长，没有人从一生下来就是光鲜亮丽的。如果你很有个性，那么你极有可能因为与众不同而遭到他人的排挤。在这种情况下，千万不要灰心。要相信那些人不欣赏你，不是因为你不够优秀，而是因为他们的眼光太狭隘。

当你坚持努力，毫不懈怠，你就会发现一切的美好，都是点点滴滴的付出换来的。在这个世界上，从来不会有天上掉馅饼的美差，因而你必须踩过泥泞，踏过坎坷，才能一路向前，来到风景最美丽的终点。

第03章

没有人帮你奋斗，你必须靠自己去努力

有人说，人生是一场面对种种困难的“无休止挑战”，也是多事多难的“漫长战役”，这场战役必须由我们每个人自己去打，其他人是无法代劳的。若总是缺乏主动性和信心，那么，你的这场人生之战最终是会失败的。我们每个人都要记住，每个人的命运，只能靠自己设计，靠自己转弯。人生路上，遇到何种谬见并不重要，别人的非议也不重要，重要的是你要掌握自己的命运；时刻坚信自己，才能战胜灵魂深处的弱点，才能成就强大的自己。

迎难而上，想尽办法把困难踩在脚下

人生路上，每个人都会遇到各种各样的困难，对于这些困难的存在，有的人选择绕道而行，有的人选择迎难而上，还有的人则选择了退缩。毫无疑问，选择退缩的人永远也无法到达人生的彼岸，更不可能获得自己梦寐以求的成功，选择绕道而行的人也许经过迂回曲折能够接近自己的人生目标，却要多走很多弯路，也会导致人生变得被动。人生真正的强者，一定会迎难而上，想尽办法战胜困难，把困难踩在脚下。由此一来，人生才会得到更大的提升，也才能创造出成就。

人的本能之一就是趋利避害，没有人愿意使自己面对困难，更没有人愿意遭遇麻烦。然而，有些人明知山有虎，偏向虎山行，他们很清楚责任总要有人承担，困难总要得到解决。对于这样的“傻帽儿”，也许有人会不以为然，甚至嘲笑挖苦他们自讨苦吃。然而，尽管大家都知道枪打出头鸟，这个社会依然需要有人敢为人先，也需要有人勇敢、无畏地当开路先锋。我们无须在乎他人迎难而上的目的或者用心，仅这个行为本身而言，就足以得到我们的尊重和敬佩。

在人生的漫漫长路上，困难总是如影随形，每个人在成长、成熟的过程中都会遇到很多难以想象的困难。要想走好人生之路，我们就要摆正心态，勇敢、无畏地迎接困难，战胜困难，超越困难。在被领导委以重任时，倘若我们再三退却，一定会让领导感觉到掩藏在谦虚背后的心虚胆怯，由此一来领导怎么还会器重我们呢？人生中很多时候就是要硬着头皮上，然后最大限度地挖掘和发挥自身的能力，从而成为人生真正的成功者。

从另一个角度而言，当我们迎难而上，也许会遭遇失败，但是失败也能够给我们积累丰富的经验和阅历，使我们以后对于类似的难题不再陌生，甚至产生超强的免疫力。如果成功了，我们自然会证实自己的实力，也能够得到他人的一致认可和赞许。尤其是在职场上，当我们解决了他人无法解决的难题，领导一定会对我们刮目相看。总而言之，尽管人们常说多做多错，我们还是应该不遗余力地努力尝试，只有抓住一切机会锻炼和提升自己，我们才能变得越来越优秀，才能真正成为强者。

作为通用电气公司的前董事长，杰克·韦尔奇当时身兼通用电气公司首席执行官的职务。为此，他对通用电气公司的影响非常深远，可以说他从某种意义上掌握着通用电气公司的前途和命运。

作为通用电气公司的管理者，杰克·韦尔奇一直都坚持“在其位，谋其政”的工作风格，不允许自己和手下的人找任何借口推脱和拒绝工作任务。他尤其不允许推脱责任的情况出现，因而整个通用公司都形成了主动承担责任、勇于解决难题的良好风气。

有一次，有个员工因为各种原因导致能力不足，无法圆满完成工作任务，因而找到了杰克·韦尔奇，在他面前用各种借口和理由为自己开脱。杰克·韦尔奇心知肚明，这个下属就是因为怕损害自身的利益，也不愿意得罪人，所以才这样推三阻四。思考再三，正当杰克·韦尔奇准备把这个艰巨的工作任务另交他人时，有个刚入公司不久的年轻职员找到他毛遂自荐，主动要求负责这件棘手的事情。为此，杰克·韦尔奇对这个年轻职员马上生出好感，因为他也很清楚这项工作的确有一定的难度。尽管他有些为这个年轻职员担心，但是为了保护年轻人的积极性，他还是毫不犹豫地把工作交给了年轻职员，并且还不忘鼓励年轻职员："只要功夫深，铁杵磨成针。相信你一定能够战胜困难，完成任务。"这位年轻职员想方设法，最终不但圆满解决了问题，而且还为公司争取到一个大客户的订单。从此之后，杰克·韦尔奇对这个年轻职员刮目相看，最终还让年轻职员接替了自己的职务，成为他卸任之后新的通用公司董事长兼首席执行官。这个年轻职员就是杰夫·伊梅尔特。

一个人对待人生的态度，决定了他在人生路上能走多远，也决定了他人生巅峰的高度。同样的道理，一个人对待难题的态度则反映出他对待人生的态度。事例中的杰夫·伊梅尔特从一个普通的年轻职员成长为通用公司的董事长兼首席执行官，这与他主动面对困难，承担解决难题的重任是分不开的。而那个在杰夫·伊梅尔特之前推卸责任、拒绝难题的职员，也许一生也无法实现人生的伟大目标。

众所周知，人生的发展最重要的是抓住机遇。然而被动的等待往往没有结果。真正的聪明人一定会主动迎接机遇的到来，发现并且承担责任，主动解决别人无法解决的难题，这是发现机遇的最好方法。退一步来说，即便我们最终无法获得成功，也并非毫无收获。那些成功的经验、失败的反省和在解决问题中得到提升的能力与心理素质，都是比成功更重要的收获。所谓不经历无以成经验，我们只有主动经历，才能为人生积累更加丰富的经验，也才能彻底改变命运，主宰命运，让自己的人生从此变得与众不同，精彩绝伦。

独立且有主见的人，更能够操控自己的人生

生活中，我们总是习惯性地依赖他人，从小就享受父母安排好的一切，长大了又随遇而安地依赖身边的亲人、朋友，后来成为父母支撑起一个家庭，却发现自己根本不可能让孩子依赖。也许有人说这是好事啊，正好培养孩子的独立能力，但是你接下来该依赖谁呢？父母已经老去，那些曾经供你依赖的亲人、朋友也都各自成家立业，根本无暇顾及你，你的丈夫或者妻子也为了维持家庭精疲力竭，你却只想依赖，如此一来怎能操控自己的人生，收获成功呢？

小学生一定有这样的体会，当第一次遇到难题的时候如果有人轻易给出答案，那么在第二次一定还会直截了当地寻求帮助。殊不知，脑子长久不转动是会锈掉的，等到某一天他们真的想要动脑时，才发现自己已经失去了独立思考的能力。这是依赖的悲哀。

每一个人要想在这个世界上更好地生存下去，必须学会独立。归根结底，父母会老去，妻子或者丈夫作为我们的人生伴侣，也需要我们提供支撑，至于年幼的孩子，更是需要多多照顾和扶持的。如果我们不独立面对这个世界，那些需要依赖我们的人又该如何呢？从做人、做事

的角度而言，我们也必须摆脱依赖。在职场上，假如我们始终无法独当一面，总要借助于他人的帮助和扶持才能完成工作，那么上司总有一天会对我们失去耐心，毕竟公司需要的是一个能手，而不是一个累赘。当然，每个人都需要成长的时间，重点恰恰在于我们在依赖他人的时候，要督促自己不断地成长和成熟起来。一个依赖者，无论如何也不能获得真正意义上的成功。

众所周知，每个人都想要成为命运的主宰，操控自己的命运。一个依赖他人的人，能够在人生的海平面上为自己掌舵吗？当狂风暴雨突如其来，他能坦然面对恶劣的环境吗？答案是否定的。当然，我们并不能彻底主宰命运，但是至少在相同的环境下，独立且有主见的人，更能够操控自己的人生，从而驾驶生命之舟驶向人生的彼岸。

作为一个从小娇生惯养的孩子，张晴对妈妈的依赖简直到了极致。在去大学校园报道的第一天，她甚至不知道怎么铺床，妈妈一个人忙前忙后，她却坐在那里等着妈妈安排一切。此后，妈妈几乎每个月都要坐火车奔波将近1000公里，去看她，为她购买生活的必需品，也给予很多细致的照顾。

大学的前几年里，张晴一直享受着妈妈的照顾，却丝毫没有想到千里之外的妈妈突然身患重病。为了避免张晴担心，妈妈始终隐瞒病情，直到张晴寒假回到家里，才发现妈妈已经骨瘦如柴。这样的妈妈，和平日里的无所不能神一样的存在迥然不同，张晴痛哭流涕，不知道如何是好。妈妈笑着安慰她：“即便有一天妈妈真的不在了，这里也有一个本子详细记载了家里的情况，你只要读一读，就能找到想要的答案。”妈妈这句叮嘱让张晴更加羞愧万分：“难道我只能成为妈妈的负担，即便在妈妈最需要的时候也不能给予她些许的安慰和照顾吗？”张晴不愿意成为这样的人，她开始学着煎鸡蛋、煮鸡蛋，学着熬鱼汤，给妈妈增加营养。在短短的寒假期间，她甚至学会了包饺子给妈妈吃。

看着即将开学的张晴，妈妈发自内心地感到欣慰：“孩子，你长大了，原来一直以来都是妈妈阻碍了你的成长。”张晴不想离开妈妈，但是学业要紧，此后她几乎每半个月就坐十几个小时的车回家看望妈妈，这才了解了这几年来妈妈是多么辛苦地千里奔波。

如果不是因为妈妈生病，张晴也许还要在依赖的路上越走越远。妈妈的病反而给了张晴成长的机会，她似乎一夜之间长大了，意识到妈妈也需要她的照顾，也要在她的支持和陪伴下走过最艰难的人生阶段。其实，很多人都原本可以成长得更加优秀，只是因为像事例中的张晴一样从小习惯了衣来伸手，饭来张口，所以自身的能力渐渐退化，变得凡事都要依赖他人。

生活中，依赖他人会降低我们独立生存的能力，事业上如果也处处依赖他人，则会严重影响我们职业生涯的发展，甚至禁锢我们的人生。明智的人一定会抓住一切机会努力锻炼自己独立自主的能力，这样才能在职场之中更加如鱼得水，游刃有余，也才能最终获得长足的发展，使职场更加精彩辉煌。尤其是在没有外援的情况下，我们更应该清楚地意识到人生只能靠自己，命运也掌握在我们自己的手中。所以说，有人帮忙我们如虎添翼，没人帮忙我们也要竭尽全力地奋斗，靠着自己的力量绽放。

自助才能天助也，靠自己的双手成功

人生是一场漫长的旅途，走在漫漫人生路上，每个人都会看到不同的风景，最终也会抵达不同的人生目的地。很多人在人生的路上总是瞻前顾后，既留恋曾经美好的过去，也无限憧憬可能实现的未来，却唯独忘记了一切的理想假如不能付诸实际行动，最终就会变成毫无意义的空想。

每个人都应该成为命运的主宰，把命运掌握在自己的手中。因为只有自身强大起来，我们才能坦然面对人生路上的风雨、泥泞和坎坷，也才能最终成就辉煌的人生。但现实生活中，偏偏有很多人都把希望寄托在他人身上。如很多年轻人在父母的供养下大学毕业后，还希望父母能够继续资助他们买房结婚等，有了孩子之后，也要求父母必须帮助他们养大孩子。还有些人在工作中始终无法独当一面，也是因为一直不懂得抓住机会锻炼自己，做任何事情都要亦步亦趋地请示领导。

也许有人会说，一根筷子被折断，十根筷子抱成团。归根结底，一个人的力量是有限的，我们必须和他人合作，才能胜任某些任务。这当然没有错。不过，合作和依赖是完全不同的概念。前文我们所说的是依赖，合作则是把我们的力量和他人的力量凝聚到一起，从而获得更加强大的力量。合作是现代社会的人们必须掌握的生存之道，但是合作的过程中我们也需要注意，不能养成依赖合作伙伴的坏习惯，否则我们永远都将是他人的附庸，而无法做到真正独当一面。

不管是对于生活，还是对于工作，我们归根结底要能够独自面对。尤其是在人生中遭遇挫折和坎坷的时候，我们只有勇敢面对，绝不放弃，即便在没有人帮助的情况下也坚持支撑，才能最终熬过苦难，获得人生的柳暗花明。否则，如果我们因为没有外援就放弃一切，最终一定会被命运抛弃，成为人生的弃儿。细心的人会发现，当一个人面对困境仍积极自救的时候，他就能够得到命运的垂青，获得转机。从本质上来说，这并非命运在偏向他，只是因为他具有永不服输的态度，才在坚持中等来了转机。对于轻易放弃的人而言，这样的转机永远不会出现。

很久以前，有个走投无路的乞丐来到深山里的寺庙乞讨。不想，原本宅心仁厚的方丈在看到乞丐之后，非但没有马上施舍给他，反而还指着寺庙前面的一堆砖面色严肃地说："你把这堆砖搬到后面院子里吧！"乞丐为难地说："但是我只有一只手，怎么能搬砖呢？你如果不想施舍我可以直接说，不用故意捉弄我。"方丈单手拿起一块砖，说："谁说一只手就不能搬砖呢，只不过一次搬动得少，要多跑几次而已。想做的话，一定能够做到的。"就这样，乞丐每次只搬一块砖，在烈日下足足忙碌了四五个小时，才把砖全都搬到了后院。这时，方丈看着大汗淋漓、满脸脏污的乞丐，拿出一条雪白的毛巾湿润之后递给乞丐，让乞丐清洁自己的脸和手。等到乞丐擦拭干净脸和手之后，方丈慷慨地拿出100元递给乞丐，乞丐没想到方丈会给他这么多钱，因而连声道谢。方丈却面色平静地说："你不用谢我，这是你的劳动所得。"

过了几天，寺庙里又来了个乞丐。方丈把乞丐带到后面的院子里，指着那堆前几天刚被搬过来的砖，对乞丐说："你先帮我把这堆砖搬到屋子前面的空地上。"尽管这个乞丐双手健全，但是却对方丈不屑一顾地哼了一声，就离开了。这时，徒弟疑惑地问方丈："师父，您这堆砖到底想放在屋子前面还是后面院子里呢！这可是您前几天刚刚让前一个乞丐从屋前搬过来的呀！"方丈笑着说："这堆砖放到哪里都行，最重要的是必须在乞丐搬砖之后，才能给予他们施舍。这样他们才能知道不劳而获并非长久之计，只有依靠自己的劳动赚取收入，才能彻底改变命运。"

几年之后，一个西装革履的人来到寺庙，出手阔绰，捐了很多香火钱给寺庙。方丈对这个人表示了感谢，这个人却说："师父，是您让我有了今天，该是我感谢您才对。"这时，方丈才看到这个人有一只西服的袖洞是空的。原来，这就是当年在方丈的教诲下搬砖的独臂乞丐，如今的他已经小有成就，彻底改变了命运。

在这个事例中，方丈无疑深谋远虑，他正是靠那堆砖来点化每一个前来乞讨的乞丐。那个最终仅靠着一只手成功把砖搬到后院的乞丐，如今凭着一只独臂打出了人生的新天地。但是后来的那个身体健全的乞丐却不屑于搬砖，只想着不劳而获，人生的悲惨也可想而知。

对于任何一个人而言，人生都应该是靠自己的双手创造出来的，一味地乞求得到他人的施舍，妄想着不劳而获，根本不可能获得成功的人生。一个人要想傲然屹立于世，就一定要树立坚定的信念：依靠自己的力量获得成功。归根结底，只有我们自己才是命运的主宰，外界的力量和影响即使再强大，也无法超越我们内心的力量。从这个角度而言，假如我们想要获得成功的人生，就应该像那个独臂乞丐一样，不管我们的处境多么艰难坎坷，都应该坚定不移地依靠自己的力量，始终心怀希望，向着美好的未来不懈奔跑。最终能够依靠自己趟过苦难的我们，也必然拥有更加强大的内心，更加坚定的信念，从而使我们的人生拥有更多的灿烂辉煌。

在强者眼中，绝境是锻造他们的熔炉

在很多美国大片中，到了剧情的高潮，我们总是看到那些男主角，似乎天神转世，从来不知道劳累和疲惫，仿佛他们的身体里蕴藏着整个宇宙的力量。为什么他们如此强悍呢？很多观看影片的人都会觉得不可思议。其实，当身处绝境时，人们的身体就会爆发出难以想象的力量。而且，身处绝境的人，不管做出怎样疯狂的决定，他们都会坚定不移地为之努力。正因为如此，那些在影片中陷入绝境的男主角，才能像天神一样不知疲惫地战斗，直到事情的结局让他们满意。当然，我们不排除影片会有夸张的成分，但是这种夸张是源于真实的夸张，是完全有事实和理论依据的。

绝境，听起来就让人毛骨悚然，似乎当事者除了祈祷之外，再也无计可施。实际上，所谓的绝境只是相对而言的，除非生命戛然而止，否则就没有真正的绝境存在。我们知道，世界是客观外物在我们内心的折射。那么，对于不同的人而言，绝境有什么不同呢？对于弱者而言，绝境是吞噬他们的深渊。对于强者而言，绝境却是锻造他们的熔炉，是他们凤凰涅磐、浴火重生的机会。

毋庸置疑，只要我们活着，或大或小的困难就会如影随形。我们在生活中随时随地都会遇到困难。然而，因为每个人面对困难的心态不同，解决问题的决心不同，应对变化的反应不同，所以每个人在经历困难之后的结局也是完全不同的。

曾经，作为北京大学外语系教师的俞洪敏，过着非常普通的生活。直到身边的很多同学都相继出国，俞洪敏才动了心思，也想去国外看一看，见见世面，获得更好的发展。为此，他当机立断，开始做出国的准备。然而，出国的费用很高，远远不是毕业不久的俞洪敏那点微薄的积蓄所能支撑的。思来想去，俞洪敏想出了一个挣钱的办法，那就是在校外兼职做家教，这样无疑相当于多了一份不菲的收入。然而，正当俞洪敏在初秋的雨夜与朋友一起小酌，憧憬未来时，突然学校的高音喇叭响了起来。原来，学校已经知道了俞洪敏在校外兼职的事情，而且因为他总是打着学校的旗号兼职，决定给予他处分，以起到警示作用。从那个夜晚开始，这个处分在大广播里循环播放了3天，俞洪敏感到颜面全无，更无法坦然面对昔日的学生。为此，他决定辞职。从现在来看，俞洪敏当初是被逼着离开北京大学的。不过，也正是这次辞职，才让俞洪敏的人生打开了新的天地。

辞职之后，俞洪敏更没钱出国了，为了挣钱，他决定下海。他凭借之前的培训经验，先是费尽千辛万苦申请了一张开办私人学校的许可证，后来又租了一间小小的平房，自此，新东方培训学校诞生了。这所培训学校没有其他课程，专门培训英语。因为定位准确，再加上有俞洪敏此前积累的丰富人脉，所以很快就打开了局面，办得风生水起。现在，新东方已然成为中国首屈一指的英语培训学校，在国内外都影响广泛。已经功成名就的俞洪敏想起当年的经历，曾经感慨地说，如果没有当初的背水一战，就不会有今日的新东方。

早在1000多年前，古人就提出了“破釜沉舟”“置之死地而后生”等。这些都是描述人们在绝境中的表现和结果的。毫无疑问，项羽破釜沉舟，最终打败秦军，加速了秦军的灭亡。这是强者在绝境之中成功逆袭的典范。为什么项羽在发动进攻之前要破釜沉舟呢？他是为了让全体将士没有退路，让他们心中毫无障碍，专心一念，只想要与秦军拼个你死我活。如果没有这样的气势，想必打败强大的秦军还要多费很多周折。

人生，既有一帆风顺的时候，也有狂风暴雨的时候。然而，只要活着，这个世界上就不会无路可走。越是艰难的时候，越是考验我们的意志力和人性的时候。我们必须熬过最难的时刻，才能重新打开局面，走入人生的新境界。任何成功都不是无缘无故的，要想获得成功，我们就必须从最艰苦的地方做起，从最沉沦的地方展翅。是雄鹰，总有翱翔于高空的那一天；是条龙，就不会永远地困在泥沼中。真正的强者，一定有着顽强的意志，哪怕是身处逆境，也绝不放弃。相反，越是艰苦卓绝的环境，越能表现出强者坚强不屈的心。当一件事情已经糟糕透顶，就不会再有更糟糕的情况出现。既然等待着你的都是好消息，都是好的转化，你又为何要感到灰心绝望呢？在强者眼中，不管从哪个角度来说，绝境都不是真的绝境，而是绝处逢生的好地方。

努力并不一定有回报，但不努力就一定没有回报

在我们身边，从来不乏优秀的人，他们或是天资聪颖，善于学习；或是独得命运青睐，善于抓住生命中的转机。但还有一种人，他们并不聪明伶俐，也没有难得的机遇，他们有的只是一个坚定的目标，和为之付出的不懈努力，最后他们也成为了旁人眼中金光闪闪的优秀人士。在风光背后，只有他们自己知道，自己为了得到成功曾经付出了多少常人难以想象的努力，他们十分坚信："努力并不一定有回报，但不努力就一定没有回报。"如果你也想像他们一样变得成功，也想过上自己希望过的生活，那么你就要付出相应的努力，当你在人生的道路上，能够自己为自己的付出而鼓掌，感谢自己曾经坚定的信念，那你才能为走上成功之路的自己感到骄傲。

李米从医学专科学院毕业那年，不巧赶上学校进行教育体制改革，学校已不再统一分配工作，因为没有门路进大医院，她只得先选择到一家公司做销售员来维持生计。

人们在面对命运的捉弄时，无非有两种态度：顺其自然或者拼命抗争。而不得志的女孩李米认为，自己不能荒废了辛苦学习的专业知识，

所以她做了一个很多人都不赞同的决定：参加在职考研。

在公司，李米负责的销售工作任务繁重，压力巨大，而且李米每天都要拜访很多客户，下班后常常累得都不想吃饭。可即使这样，下班回到住处，她依然坚持学习专业知识。天气太冷，就盖着被子窝在床上看书，天气太热，就在脖子上缠上被冷水打湿的毛巾。李米就这样日复一日地艰苦学习，终于迎来了考试的那一天。

那天，李米和许多学生一起坐在教室里答题，两天的时间，她将自己四年中专加一年自学的知识全都呈现在试卷上，每一笔都凝结了她的血汗。经过两个月的漫长等待，她终于幸运地拿到了心仪学校的录取通知书。在开学的前一周，李米毅然决然地辞去了工作，带着自己省吃俭用存下来的学费和生活费，来到学校报到。在学校学习时，李米并没有放松对自己的要求，她依然是班上最努力的学生，每天早晨5点半，操场上就能看见李米抱着英语书大声朗读的身影，每天晚上，她都泡在图书馆看书，一直到闭馆才会回到寝室休息。即使李米这样努力，到毕业时她也没能留在哪家大医院实习，一是实习名额有限，二是学校里多是有钱、有关系的学生。然而李米并没有泄气，她继续投简历，不停地参加招聘会和面试，直到被一家外地医院录取。

进入医院后，李米更加忙碌了，除了工作，她的空闲时间也都被医院的各种绩效考核占用，同一批进来的同事都在埋怨医院的工作不合理，而她却充耳不闻，继续捧着书本，为提高自己的专业知识做着努力。经过三年的不断努力，李米凭着过硬的专业知识从一个普通护士调到内科做护士长，一年后又因出色的工作表现被调到ICU监控室任主任，又过了两年，她成了医院里最年轻的护理部主任。即使李米现在成为了医院的中级管理层，她依然常常抱着书本学习，她说，她的未来还很长，她的努力不能停……

人生就是这样，为了生活，为了希望，我们不停地忙碌着，奔波着，在努力前行的路上，任风雨锤炼着我们的意志，在逆境中学会了坚持与坚强。也许，努力并不一定会有回报，即使有回报，可能也不是我们想要的，但是我们还要去坚持，去努力，无论如何我们都不能让自己后悔。

当你身边的人都对你放弃了期望的时候，你受到的阻力就更大了，只有付出更多，你才能继续坚持，向自己也向别人证明自己能行。今天没有成功没关系，明天再继续努力一把，一直努力到成功的那天，你就是人生的真正赢家。

成功不在于难易，而在于有谁真正去努力奋斗过了，人生从来就不缺少机遇，只是缺少能抓住机遇的人。我们需要的不仅是梦想，还有为实现梦想而付出的努力，不要担心是否会失败，要知道，想要多好的生活，你就得付出多大的努力。

第 04 章

人生在世，怎么也要拼一次搏一把

作为一个平凡的人，我们每个人都害怕失败，渴望成功，于是，人们在做一件事之前，都会产生各种顾虑，都会迟疑不定，而实际上，在任何一个领域里，不敢冒险的人，就不会获得成功。人生在世，生命只有一次，我们只有前行，只有放手一搏，才有可能拥有想要的人生。

坦然接受人生的各种经历

很多人都在追寻幸福的滋味，却始终不知道幸福的真谛到底是什么。的确，人生之中永远都不会只是幸福，正如天气有阴晴圆缺，人生也有喜怒哀乐。也许有的人祈祷自己一生之中都只感受到幸福的滋味，殊不知，如果生命中只剩下幸福，也就没有所谓的幸福了。正如在丑的衬托之下，美才更加绚烂夺目，也正是因为有了不幸，幸福才显得那么引人注目，也让人倍感欣慰。

其实，不管是不幸的还是幸福的经历，对于任何人而言都是宝贵的人生财富。记得有位名人说，痛苦使人深沉，的确如此，人生要想厚重就必须经历痛苦的磨难。痛苦也使人在短时间内成熟起来，使人变得深刻。因而我们必须坦然接受人生的各种经历，让它们在时间的沉淀下成为人生中厚重的基础。

站在这个相亲的舞台上，小敏心中满是忐忑。和大多数女孩不同，她不是单身贵族，而是一个单亲妈妈。原来，她曾经有过短暂的婚姻，因为丈夫的出轨，她毅然决然地结束婚姻，一个人独自抚养女儿5年，现在女儿已经5岁了。面对着活泼可爱的女儿，她既想追求自己一生的幸福，也想要给女儿一个完整的家庭，所以才鼓起勇气走到这个舞台上。

看着身边的小姐妹一个个地被牵走，小敏不由得心急起来，也开始质疑自己的决定。在这个时代里，像她这样的单亲妈妈真的能够找到属于自己的幸福吗？就在她的思想开始动摇之际，主持人告诉她：坚持下去，你一定能够找到梦想中的幸福！就这样，她继续固执地站在舞台上，只想要有一天能够找到自己的意中人，也有一个人为她而来。如此又过去几个月，终于有一位优秀的中年男士，专程为她而来。这位男士同样也有短暂婚史，不过没有孩子。为了打动她的心，男士真诚地说：“我们都是结过婚的人，也一定知道如何才能让自己获得幸福。每一种经历都是人生宝贵的财富，相信懂得珍惜的我们一定不会再错过彼此。”如此真诚而又简单的两句话，让她不由得潸然泪下。她感动地把手伸给他，说：“希望我们能一生一世地走下去！”

对于有过婚姻的人而言，他们也许更能够懂得幸福的真谛，也知道让对方和自己获得幸福的方法。比起很多拿着婚姻当儿戏的男孩、女孩，他们有着不同的经历，这样的经历能够给他们的生活带来更多的深刻感悟。很多时候，幸福只是一种感受，与客观的物质条件并无关系，我们唯有哭过、痛过，才更知道爱情的可贵，也更懂得珍惜婚姻。

永远也不要因为曾经的经历而后悔，也许今天的你看待那段不堪回首的过去觉得难以面对，但是等到明天你就会因为那段经历而更加懂得感恩和珍惜，也因此得到更多的幸福。凡事都应该辩证唯物地看待，人生也是如此。有些经历也许给我们留下了不愉快的记忆，但是也同时会给我们的人生带来帮助和提升。归根结底，我们都要摆正心态，才能正确对待这些人生经历。

与其抱怨命运不公，不如奋起直追

生活中，有很多人都在喋喋不休地抱怨命运不公，没有赐予他们一帆风顺的人生。殊不知，任何人在命运的旅程中都会遭遇坎坷和挫折，尤其是当我们选择的人生道路不同时，所遇到的困难也是截然不同的。由此可见，与其抱怨命运，还不如自己对自己的选择负责，无怨无悔地面对人生的一切，这样才能积极地改变命运，创造属于自己的人生。

任何人要想获得进步，很重要的是自省。古人云："吾日三省吾身。"由此可见自省对于个人进步而言有着极大的促进作用。与自省相比，抱怨只会浪费时间，根本没有实质性的好处。因而，我们应该时时自省，这样才能不断取得进步，提升自己。记住，命运只会向强者低头，不会向弱者妥协。我们只有让自己变成真正的强者，才能彻底降服命运，也才能勇敢面对和迎接命运的一切馈赠。

很多人都知道跨栏定理。一位大名鼎鼎的外科医生曾说，一个人面对眼前的横栏，横栏的高度越高，他所能跳跃的高度也会随之增高。这个定理告诉我们，一个人要想取得更高的成就，也就必然要面对更高的挑战。由此可见，人的潜能是很巨大的，面对厄运或者是人生的不如意，与其抱怨，不如积极主动地改变自己，提升自己，这样才能彻底解决问题。鲁迅先生曾说，真的勇士敢于直面惨淡的人生和淋漓的鲜血。我们要说，真正的强者敢于面对命运的挑战，而且从不抱怨，只会积极面对，勇敢反抗。

作为世界巨富，福勒在小时候一直过着贫苦的生活。他从5岁开始，就下地劳动，帮助爸爸妈妈减轻负担。9岁的时候，福勒就开始帮助他人赶骡子，以此维持生计。如此清贫的生活，让福勒根本没有更多的想法，贫穷总是与他如影随形。幸好，福勒有个不同寻常的妈妈，她很快就发现福勒与兄弟姐妹不同，因而她也就给予了福勒更多的关注。妈妈常常与福勒谈心，帮助他树立梦想。她总是告诉福勒："福勒，命运并不能决定我们的贫穷，咱家之所以一直在贫困线上挣扎，并非因为命运，而是因为你爸爸从未想过要发家致富，你的那些兄弟姐妹也从未有过这样的想法……记住，只要你想富裕，你是可以富裕起来的，你一定能够做到！"

贫穷是因为从未有过致富的观念，这样的想法让福勒坚定不移地想要致富，正因为如此，他日后才能坚定不移地从事推销事业，甚至推销肥皂长达12年之久。可以说，福勒之所以能够改变自己的命运，扭转家庭贫困的局面，与妈妈帮助他树立正确的财富观念是密不可分的。

贫穷，并不是命运的安排，而是因为从未有过致富的想法。这句话不但改变了福勒的一生，也使无数挣扎在贫困线上的人看到了希望的曙光。也曾有过哲人说，一切伟大的成就都始于一个简单的想法。的确如此，福勒的经历就验证了这句话。任何情况下，我们都要努力追求自己的梦想，只有我们的心能够到达的地方，才可能成为我们人生的目的地和终点站。

朋友们，你们可曾有过强烈想要实现的愿望呢？当愿望确立，你们又可曾为其不遗余力地奋斗呢？心之所向，身之所往，我们必须确立人生的远大目标，才能不遗余力地奋斗和努力，也才能彻底改变命运。倘若连想都不敢想，还谈何去做，去实现呢！由此可见，改变命运，主宰命运，必须从改变我们的心开始！

得过且过，怎能成就精彩

行走在熙熙攘攘的大街上，有的人神色匆忙，看起来斗志昂扬，激情澎湃，有的人却神色萎靡，就连走路都显得毫无力气。可想而知，前者是在满怀喜悦地奔向新生活，后者却是在艰难地熬过一天又一天。正是在这两种截然不同的状态下，诸多人的人生也出现了分水岭，有些人功成名就，意气风发，有些人却总是与失败形影相随，甚至还有人不但与成功绝缘，连失败的机会也失去了。

现实生活中不乏混日子的人，他们就像不称职的和尚一样，当一天和尚撞一天钟，对于未来毫无规划，对于人生也没有任何热情与激情。如此循环往复陷入恶性循环之中，他们渐渐忘记了努力，也不再对生活抱有希望。在人人都憧憬未来的时候，他们却按部就班，就像老态龙钟的古稀老人，对于生活既无希望，也无苛求。这样的状态出现在年轻人身上，是多么可怕的事情啊！从这个角度而言，当一天和尚撞一天钟不但无法成就人生的精彩，而且还会使我们的人生陷入低潮和低谷之中，永无出头之日。如此深刻的绝望，必然对我们的人生造成伤害。

大多数情况下，我们只看到成功人士头顶的光环，却不曾想到他们其实在成功之前也经历了重重失败，甚至还曾承受了常人难以承受的挫折、苦难，顶住了重重压力。毋庸置疑，美好人生不可能从天而降，只有当我们不断奋斗，坚持不懈，持之以恒，而且能够咬牙走过坎坷、泥泞时，我们才有可能迎来人生的辉煌。

从励志的角度而言，一个死气沉沉、对人生毫无热情和希望的人，很难得到人生慷慨的馈赠。细心的人会发现，古今中外，大多数成功人士都拥有对生活的激情，正因为如此，他们才能排除万难，勇往直前。激情是人生的助燃剂，正是有了激情的刺激，我们才能充满力量，始终奔跑向前。激情还能让我们的人生拥有绚烂的色彩，也能够让那些激情奋斗的岁月变成我们人生中最美好和最值得珍惜的回忆。拥有激情的人不畏惧人生的苦难，他们发自内心地悦纳人生，因而不管对于生活还是事业，都始终能够找到寄托，也能够创造出令人瞩目的成就。朋友们，假如你也想要拥有精彩的人生，那么就从此刻开始让自己变得激情燃烧吧！相信当你真的坚持这么做下去，你的人生就会变得完全不同。

作为一个来自农村的大学生，林丹尽管家境贫困，但是从未自暴自弃。在学校里，他穿的衣服虽然很旧，但是每一件都洗得泛白，干净整洁；他虽然无法从父母那里得到足够的学费和生活费，但是他宁愿四处兼职，或者向学校申请助学贷款，也不愿意作为贫困生得到补助；相较同学们丰富多彩的业余生活，他因为没有钱消费，每到节假日就乖乖地留在学校的图书馆里看书，开阔自己的眼界，丰富自己的知识；即便寒暑假，他也很少回家，而是留在学校继续读书学习……就这样，四年大学生涯结束，他不但学识渊博，而且还积累了丰富的工作经验。尤其是大四那年，他赚取的钱已经能够在自给自足之余，还能给予父母一定的经济支援了。

大学毕业后，林丹因为没有背景，只找到了一份很普通的工作。然而，他一边努力工作，一边刻苦自学准备考研，最终他成功在毕业一年后，考取了研究生，而且因为专业对口，还得到了公司的全额资助。由此一来，林丹的人生猛然跨上了一个台阶，从此与众不同。大学毕业五年的同学聚会上，研究生毕业的林丹比班级里那些有背景的同学混得都好，大家都对他的勇敢拼搏、不懈进取佩服得五体投地。

没有任何抱着得过且过思想的人，能够成就非凡的人生。事例中的林丹尽管人生的基础薄弱，甚至在很多方面都不如那些拥有得天独厚的条件的同学，但是他却始终奋发进取，因而最终反而后来居上，以显赫的成就跃居大多数同学之上。这就是努力奋斗的人生，这就是璀璨辉煌的人生。

我们都是普通而又平凡的人，而我们的梦想就是成就非凡的人生。对于每一个生命而言，这个世界上并没有天上掉馅饼的好事，我们唯有打起精神，让自己保持积极向上的人生态度，才能拥有精彩的人生。

有勇气，就不怕从头再来

面对人生的坎坷和挫折，真正的强者勇往直前，坦然面对，那些弱者却因此而止步不前，甚至对人生完全失去希望，再也不敢轻易尝试。最终，强者在苦难的磨砺之下变得越来越强大，弱者却因为胆小怯懦失去人生一切的勇气，沉沦绝望，彻底失去了人生中的各种机遇和机会。

细心的人会发现，大凡成功人士，不管是在哪个领域取得了成功，都具有从头再来的勇气。爱迪生为整个世界带来光明，然而他仅仅为了寻找最为合适的材料当灯丝，就尝试了一千多种材料，而且进行了六七千次试验。可想而知，在最终寻找到理想材料之前，他经受了多少次失败的打击。然而，正是因为他每次遭遇失败之后都能鼓起勇气从头再来，所以他才能无所畏惧，最终为全世界带来光明。也正因为有如此锲而不舍的精神，他才能成为伟大的发明家，为人类进行了很多有益的发明。实际上，人们在失败之后对于一切从头开始是怀有恐惧心理的。他们最害怕的就是再次遭遇失败，与成功擦肩而过。只要能够战胜心底里的恐惧，我们就能拥有从头再来的勇气，也就能够战胜人生的一切磨难，成为真正的强者。

命运对于每个人都是公平的，磨难也许只是为了让我们磨炼心性，担当大任。正如古人所说，天将降大任于斯人也，必先苦其心志，劳其筋骨，饿其体肤，空乏其身，所以动心忍性，增益其所不能。遗憾的是，很多人在刚刚遭受磨难时就已经缴械投降，放弃了努力，根本等不来天降大任。朋友们，要想出人头地，我们就要变得更加坚韧，帮助自己渡过磨难，只有内心强大，才能走出属于我们自己的人生之路。

有勇气，就有创造一切的可能性

在命运面前，我们奢求好运的降临，却忽视了勇气才是一切。如果没有勇气，你就会止步不前；如果没有勇气，你就会被看似难以逾越，实则不值一提的障碍阻挡住；如果没有勇气开始，你连笑话别人失败的资格都没有；如果没有勇气结束，你就没有一切从头再来的机会……可以说，勇气是我们的翅膀，没有翅膀，又谈何翱翔呢！勇气，是弄潮儿颠覆命运的契机，没有勇气，我们就失去了一切可能性。

一个守门人长久地守候在法的门前，等着来人。一个畏畏缩缩的农村人好不容易才走到这扇门前。看到守门人，他有些畏缩，请求守门人允许他进去。但是按照惯例，守门人只能拒绝他。不过，法的大门是敞开的，看起来畅通无阻。因而，农村人胆怯地伸头探脑，想要看看门里的情形。守门人友善地说："我只是最低级的守门人。如果你很想进去，你完全可以试一试。不过，接下来的路就要靠你自己去走了。里面还有很多扇门，每扇门都有守门人。不过，随着你一扇门一扇门地走进去，里面的守门人权势越来越高，我甚至都不敢看第三扇门的守门人一眼呢！"守门人的话让农村人更害怕了，他根本没有预想到自己历经千辛万苦来到门前，却根本没有机会进去。原本，他以为每个人都可以随意地进入法的大门，所以他才不顾一切地努力走到这里。于是，他犹豫了，迟疑不决地徘徊着。最终，他下定决心不做无用功，要等到被允许之后，再光明正大、畅通无阻地走入法的门。

看到农村人并不打算进去，守门人搬来一把椅子，让他坐着等待。从此之后，农村人始终在等待着，虽然他期间无数次请求守门人允许他进去，但是都被无一例外地拒绝了。在漫长而又无望的等待里，他渐渐老去。他甚至忘记了还有其他守门人的障碍，因为从眼下的情形来看，第一道门的守门人就是他唯一的障碍。最终，农村人越来越衰老，眼看着就要死去了。这时，他看到法的门里射出一道耀眼的光芒，他恍然大悟：那么多人都想来到法的门前，为什么在漫长的等待里，他从未见到其他人呢？守门人似乎看出了农村人的疑问，也看出他的生命即将结束，因而伏在他的耳边大喊道："这扇门是属于你的，但是现在它马上就要关闭了。"

这个小片段来自卡夫卡的《在法的门前》。在这个故事里，农村人历经千辛万苦，好不容易才得到机会进入法的门，却被虚设的、敞开着的大门阻挡住了，一直等待到生命的最后一刻，也没有成功进入朝思暮想的法的门。这不得不说是一种莫大的悲哀。

在人生的路上，尤其是在努力获得成功的过程中，几乎每个人都会遇到形形色色的困难和阻碍。在真正鼓起勇气去尝试之前，我们无从得知这些阻碍是真正凶猛的老虎，还是虚假的纸老虎。如果我们被吓倒，不敢轻易尝试，那么我们不但失去了成功的机会，也同时失去了失败的机会。相反，如果我们能够不顾一切地勇往直前，无论成功还是失败，都不留遗憾，那么我们就能够创造生命的奇迹。勇气，就拥有这样伟大的能够创造奇迹的力量。所以无论何时，我们都应该充满勇气，勇往直前，不要被一扇敞开的门挡住。

除了和很多人一起拥挤着过独木桥之外，我们还有属于自己的人生之路。每个人都有自己的长处和优点，即便我们在很多方面都不如他人出色，我们的优点和长处也会远远地胜过他人。妄自菲薄是要不得的，自卑会让我们失去千载难逢的好机会。对于擅长的领域，我们一定要鼓起勇气，勇往直前。很多人思虑过多，总是想要把万事都计划周全再进行下一步。殊不知，万事都是不断变化的，杞人忧天只会禁锢我们前进的脚步。与其看着别人失败，不如自己也尝试失败的滋味，这样才能给成功创造条件。简而言之，尝试了，你也许会失败，但是不尝试，你连失败的机会都没有。从现在开始，就让我们鼓起勇气，在命运的浩瀚海洋中乘风破浪，勇往直前吧。相信只要你尝试了，就不会留有遗憾，也许还会获得意外的惊喜呢！

第 05 章

接受生活的挑战，人生就是要先苦后甜

我们都知道，没有人能随随便便成功，自古以来的许多卓有成就的人，大多是抱着不屈不饶的精神，忍耐枯燥与痛苦之后，从逆境中奋斗、挣扎过来的。在哈佛有一句名言："请享受无法回避的痛苦，比别人更早更勤奋地努力，才能尝到成功的滋味。"在人生的道路上，我们若想有所收获，就必须学会吃苦，学会苦中作乐，才能先苦后甜。

机会转瞬即逝，想好了就立即行动

沉浸在爱情世界里的人总是说，世界上最遥远的距离，是心与心之间的距离。其实，对于渴望成功的人来说，世界上最遥远的距离，是想和做之间的距离。人们常常抱怨幻想很美好，现实很骨感。其实，只要富有执行力，在想好之后就毫不犹豫地去做，现实就会变得和幻想一样美好。

很多时候，大多数人都能想到很多金点子，虽然不是花钱从策划公司买到的好点子，但是这些来自民间智慧的金点子有可能毫不逊色。然而，这些金点子最终的命运如何呢？有一部分果敢有执行力的人，把这些点子付诸实践，使其变成了自己人生的第一桶金，命运的转折点。大部分金点子何去何从了呢？它们可没有这么幸运，因为它们的主人很犹豫、很多虑、很纠结，所以在经过一段时间的深思熟虑之后，它们被放弃了。自此，它们只能静静地躺在黑暗的虚空之中，等待下一个灵光一闪的时机，出现在人们的脑海里。

当然，我们不能说在做事情之前深思熟虑是错误的，因为有的时候，人们难免冲动，可能一时之间只想到了乐观的情况，而没有考虑未来会面对的挫折和坎坷。但是，只要冷静下来，认真分析，用SWTO的方法好好权衡利弊，一旦确定行动更加有利，那么就没有必要瞻前顾后，杞人忧天了。一个商业策划，即使再怎么完美，如果不能实现，也是毫无意义的。这就是理想和现实的区别。理想再好，没有实现，说出来只能招人慨叹而已。而且，空想就像乌托邦一样，不但没有现实的意义，还会消磨人的斗志。所以，想到了就分析，一旦分析清楚，就马上展开行动，这才是勇者所为。

既然知道凡事都有风险，为什么不给自己一个机会呢？给自己失败的机会的同时，我们也就给了自己成功的机会。失败是成功之母，我们虽然提倡谋划，却并不认为凡事都要有百分之百的把握才去做。生活中，很多机会转瞬即逝，因此，就像一首歌唱的，该出手时就出手啊！

告别昨天的得过且过，做有意义的事情

如果人生就是一天又一天的重复，那么人生的长度就变成了一天，人生的一切都变得可以预见。如果人生的每一天在到来前都给你无数的希望和猜想，那么你的人生一定很精彩，是充满未知的精彩。生活中，有些人惧怕改变，他们像契科夫笔下的套中人一样害怕未知的世界，所以永远地把自己隐藏起来，不敢直面外界。当然，很多人不是被契科夫笔下的套子套住的，而是被自己墨守成规的心禁锢住了。例如，有的人常常觉得自己的生活一成不变，没有任何精彩可言。但是，当你真的让他打破这种惯性时，他却退缩了。就这样，他在探头探脑和退缩中，茫茫然度过了一辈子。要知道，人生可是不能重来的，过了18岁，就再也没有18岁；老了，就再也回不到年轻了。所以说，人生的最高境界，是当老去的时候不后悔，不因自己在该拼搏的年纪选择了安逸而后悔。有个名人曾经说过，人这一生，一定要在回忆起来的时候，有那么一些让自己热泪盈眶的瞬间。如果没有，这一生就虚度了。

当然，一件事情或者一份工作，对我们是否有意义，关键还是看我们自己。毕竟，每个人对人和事的看法不一样，所以只要遵从自己的内

心就好。很多时候，一件事情对于这个人没有意义，对于另外一个人就有很重要的意义。所以，我们不用在乎别人说什么，只要自己觉得有意义就可以义无反顾地去做。

大学毕业后，张坤回到家乡小县城，做了一名小学教师。在家人的眼中，当教师也挺好的，风吹不着，雨淋不着，每年还有漫长的假期，平日里也有周末双休，最重要的，教师的工作非常稳定，只要按部就班地到点上班，就按时领取工资，还有完善的福利待遇。然而，张坤工作了几年之后，就厌倦了。其实，他大学刚刚毕业的时候，就想去大城市打拼打拼，然而，父母很希望他回到老家，他就回来了。看着身边的人满足地过着学校、家两点一线的生活，张坤彻底绝望了。看着那些快要退休的老教师，他似乎看到了自己的一辈子。让他惊讶的是，这些老教师都劝张坤："年轻人，静下心来吧，教书育人也是一项很有意义的工作啊！你现在刚毕业，心还野着呢，过几年你就不会胡思乱想了！"

听到老教师的话，张坤更害怕了，似乎预见到自己几年后颓废的样子。他思来想去，最终果断辞职。尽管很舍不得离开朝夕相处了3年的学生，但是他更加不愿意辜负自己。张坤辞职不久，就背起行囊去了上海。在中国，上海是最繁华和开放的都市。初来乍到，张坤还很有些不习惯。不过，没多久，他就喜欢上了这种充实的生活。以前在家乡当教师时，他每天按部就班，一点儿也没有压力。现在虽然早晨很早就要起床，晚上有的时候还要加班到很晚，他反而觉得整个人比起以前精神了很多，也充满了干劲。几年之后，张坤因为在工作上的表现始终非常出色，所以被聘用为部门主管。如今的他，觉得自己的生活每天都是不一样的精彩，他对人生的未来充满了期待。

工作到底有没有意义，每个人对其的感受都是不一样的。对于一个非常热爱教育事业的人来说，也许当教师是最好的选择。对于一个心有不甘的年轻人来说，如果一辈子窝在小地方没见过天地，就会觉得虚度了人生。

人生有很多种方式和过程，不管选择从事什么行业，做什么职务，只要觉得自己充实就好。人生如白驹过隙，如果不把握这短暂而又美好的光阴，时光就会在你不经意间悄悄溜走，让你悔不当初。所以，如果对现在的生活不够满意，那就赶快行动起来吧！俗话说，人挪活，树挪死，我们必须给自己机会，才知道生活会不会更好。

学会独自面对，才能越来越勇敢

从呱呱坠地到长大成人，再到在社会上独自打拼，人的一生之中，有很多第一次需要我们独自面对。来到这个世界上的第一秒，我们独自面对脱离温暖母体的冰冷，这就是我们感受到的世界的温度；蹒跚学步，我们独自面对第一次摔倒，接受疼痛的感觉，爬起来，继续走；和父母分房而居，第一次独自睡一张床，它让我们觉得很无助，但是我们必须独自面对；大学毕业后找工作，面试的过程不能结伴而行，所以我们独自面对威严的面试官，心里打着小鼓……人生之中，有太多的第一次必须自己独自面对。只有独自面对，我们才能成长。

在职场中，有更多的第一次独自面对等待着我们。如果你是新进公司的应届毕业生，就会有太多的东西需要学习。大学四年，你或许从未独立使用过打印机，也不知道如何发快递，更不知道怎样在网上帮同事订餐。这些还只是小问题。如果让你独自面对客户的刁难呢？你如何是好？面对工作中出现的突发状况，你不可能让领导来帮你解决问题，你只能独自面对。或者向同事求助，或者向老员工请教，这一切你都要独自去协调，去面对。然而，一回生，两回熟，当你舔着脸问一次打印机怎么用之后，你就再也不会用到打印机就发怯了。当你凭着自己的三寸不烂之舌把问题向客户解释清楚之后，你瞬间有了自信。当你第一次出差，胆战心惊地找到机场的登机口和出口之后，你再看到机场就会觉得很亲切。这就是独自面对的魔力，任何事情，你必须独自面对，才能积累属于自己的经验，才能变得更加熟练。

因为搬家，爸爸妈妈给甜甜换了一个幼儿园。去了新幼儿园一天之后，甜甜就明白了自己要独自面对一个完全陌生的集体，所以她产生了抗拒的心理，第二天早晨，又哭又闹，怎么也不愿意去幼儿园。

妈妈心软了，准备请一天假在家带甜甜。爸爸却坚持要把甜甜送去幼儿园，当然，在送去之前，爸爸也没少做甜甜的思想工作："宝贝儿，你看看，新幼儿园多么漂亮啊，从此以后，那里就是你的新家了。白天，你在新家里和小朋友们一起玩，下午放学，爸爸妈妈就会去接你回来。"甜甜哭着喊道："我不要去新幼儿园，我要去找李老师，我要去找我的好朋友娜娜。"爸爸又说："甜甜，你看看，新幼儿园的张老师也很漂亮啊！而且，这个新幼儿园的小朋友都非常友好，你很快就会认识更多的朋友。等到星期天，爸爸妈妈就会带你回之前的幼儿园看李老师还有娜娜，好不好？"爸爸好话说尽，终于把挂着泪痕的甜甜送进了幼儿园。

傍晚去接甜甜的时候，爸爸心里也很忐忑。然而，看着甜甜高兴地牵着小朋友的手走了出来，爸爸心里的石头落地了。他问甜甜："宝贝儿，今天高兴吗？"甜甜噘着小嘴撒娇说："这里的红烧肉没有以前好吃，不过，张老师今天穿的裙子很漂亮，她答应等我长大了也送我一件。”……

过了1个月，甜甜已经完全融入了这个新的集体，她又有了新朋友，每天都高高兴兴地去上学。

时至今日，我依然记得《小鬼当家》里的小小主人公，面对空荡荡的家，还有坏人的捣乱，他那么勇敢、聪明、坚强，始终在独自面对这一切。事例中的甜甜也不错，很快就适应了新幼儿园。要知道，面对完全陌生的老师和同学，她完全是靠自己小小的智慧去融入新集体的哦！

小小的孩子体内都蕴藏着如此巨大的能量，更何况是我们呢？人生之路虽然充满坎坷，但是我们要昂首挺胸地大步往前走。因为，我们只有独自面对，才能越来越勇敢，越来越坚强，最终成为生活的强者。

你的安全感来源于你自己

爱情是生活中不可或缺的调味剂，如果没有爱情，一切都会黯然失色。对于爱情，很多人都有着自己的憧憬和渴望。相爱的时候，两个人恨不得变成两个泥人，打碎了重新塑造，你中有我，我中有你。然而，当爱情不再，两个人要分手的时候，会出现各种理由。当然，其中说得最多的理由是：不能给我安全感。什么叫安全感？在爱情之中，安全感指的是对方能够让自己很放心，能爱得投入，而不担心没有回报，爱得热烈，而不担心一朝冷却。那么，爱情的安全感必须由对方给予吗？其实不然。爱情之中，安全感并非只能由对方给予，如果你足够优秀，能够吸引自己所爱的人，爱情就会长久保鲜。有人曾经说过，花若盛开，清风自来。如果你在爱情中是一朵人见人爱的花，安全感自然也就有了。归根结底，你的安全感来源于你自己。

不仅仅爱情之中的安全感是自己给自己的，在工作中，也是这样。很多人在求职的时候，会考虑到公司的福利待遇、发展前景等，他们忘记了，一旦进入公司，他们就与公司同舟共济，所以公司的发展前景，其实很大程度上取决于他们在工作上的表现。在职场，每年都有越来越多的应届毕业生涌入，这对于很多老员工来说，也是一种巨大的冲击。在计划经济中，我们的祖辈曾经一份工作世代相传，干完一辈子之后还能传给我们的父辈。现在呢？有几个人能在一家单位工作一辈子？不但你在淘汰公司，公司也在不断地优胜劣汰，说不定哪天就会淘汰到你的头上。要想在社会上生存，就要有一技之长。要想在一个岗位上长久地留下去，就要顺应社会的发展，跟随行业发展的脚步，不断地学习和充电，这样，你的位置才不会被人取代。

很多人抱怨现在的人活着太累，没有任何保障。他们甚至羡慕父辈，可以在一个工作岗位工作一辈子，孩子上学、老人生病，都有单位管。现在呢？一切的一切都要靠自己。其实，现在的模式是更加完善和公平的模式。社会保障体系越来越完善，社会也在为人们解决养老和医疗的问题。只要年轻的时候认真努力地工作，一切就都不是问题。最重要的在于，我们一定要相信命运紧握在我们自己的手中，这样才能把握自己的命运，为自己的人生添砖加瓦、增光添彩。

刘刚曾经在一家规模很大的工厂上班。对于工厂，他有着无限的忠诚。很多时候，他在家的时间都没有在单位的时间久。他似乎已经把工厂当成了自己的家，总是和手下的那帮兄弟泡在工厂的车间里。刘刚常常说：“工厂，就是我的家，我的命。”

在市场经济搞活没几年，刘刚的工厂要大批裁员，刘刚也在裁员之列。刚得知这个噩耗的时候，刘刚简直不知所措。他总是问自己：“我哪里做错了，为什么工厂要把我开除呢？”虽然同事都劝慰他，说这是改革的大潮，不是把大家开除了，刘刚还是想不透。有段时间，他非常消沉，常常喝酒，喝醉了，就去工厂外面的路上走来走去。直到有一天，他的儿子考上了大学，但是家里却拿不出学费，妻子才气愤地骂他："你还算是个男人吗？刚刚下岗的时候，大家看你伤心，说你对工厂感情深。现在你睁开眼看看，人家老李两口子，下岗之后开个小吃铺，现在1个月挣得比过去3个月的工资还多。老王两口子，人家天天去市场上卖菜，孩子上大学的学费轻轻松松就拿出来。只有咱们家，儿子考的大学比谁家孩子都要好，你这个窝囊废的爹却拿不出学费来。你再这样下去，咱们全家就要喝西北风了。"刘刚苦恼地喊道："厂子没了啊，再多的钱有什么用？"妻子更生气了，骂道："挣到钱了，你还要厂子干嘛？归根结底，咱们不就是为了挣钱过好日子嘛！咱们还活着，有手有脚，四肢健全，脑袋也不傻。凭啥人家都过上好日子，咱家就得喝西北风呢！你还要你这张老脸吗，你让以前的同事都怎么看你啊！"

妻子的话如醍醐灌顶，刘刚突然醒悟了。是啊，自己还好好地活着，有手有脚，为什么不能去挣钱养家呢？说到底，只要自谋生路，自己也可以保障自己啊。他意识到要对自己、家庭和孩子负责。想明白之后，刘刚很快就找到了生计。他在工厂的时候就会修理电器，如今他开了一家家电修理铺，为街坊四邻修理家电，生意非常好。

命运掌握在自己手中，只有我们自己，才能决定自己的人生。认识到这个道理后，刘刚才重新找到人生的方向，或者说是开始了崭新的人生。谁能说，他开家电修理铺的人生没有在工厂里工作的人生好呢？对于人生的每一个改变，与其逃避，拒不接受，不如坦然面对，只有这样，我们才能拥有崭新的机遇，开创人生的新天地。

终有一日，你会感谢昨天的磨难

在真正承受磨难的那一刻，我们的内心必然是痛苦的，甚至觉得自己仿佛无法坚持下去，熬过磨难。然而无论多么难熬的人生阶段，只要我们不放弃，磨难终究会成为过去。正如一位百岁老人所说的，人生就是熬。的确，没有人的人生会一帆风顺，这也就注定了每个人都要遭遇人生的磨难。熬过去的人最终战胜了磨难，向磨难投降的人则成为人生的失败者，从此只能向残酷的命运俯首称臣。难道我们愿意为了一时的怯懦而被命运彻底降服吗？那些熬过人生磨难的强者告诉我们，一切的磨难一旦成为过去，就会成为人生最丰富的养料，滋养我们的心灵，让我们的心灵变得更加丰实充盈，也让我们的内心变得更加强大坚定。当你再回首那些磨难，也许你会感谢它们曾经对你的磨砺，因为没有它们，你也就不可能成为今天的你。

一年有春、夏、秋、冬四季，也有四时不同的风景，人们在不同的季节选择相应的劳作，春种、秋收、冬藏，唯有顺应大自然的规律，才能得到更好的生活。人生也是有规律的，既有顺境，也有逆境，甚至还会有让人觉得难以承受的灾难发生。然而只要活着，这些磨难就难以避免，因而我们除了勇敢面对，还能如何选择呢？即便选择退缩，选择回避，这些磨难也依然存在，反而还会因为我们的消极抵抗导致事情更加恶化，与其如此，不如勇敢积极地面对，有所作为，也许能够出现契机改变命运。这才是明智者的所为。

能够坦然接受人生磨难，并且把磨难就像果酱夹在面包中一样夹在人生之中，并甘之如饴“吞咽”的人，是真正睿智的人。他们从来不向磨难屈服，并且能够坦然面对磨难，所以才能在人生的每一个阶段都很好地把控命运，成为命运的主宰。

时间是疗伤的良药，任何磨难经过时间的发酵，都会变成人生的财富，帮助我们在人生之中得到更多的反思和收获。正是在这样的情况下，我们才能最大限度地发酵人生，使其在磨难之中渐入佳境。毋庸置疑，我们在顺境之中应该居安思危，避免得意忘形，而在逆境之中也应该勇敢无畏、百折不挠，如此才能为人生寻找到更多的出路，也更加接近成功。

第06章

你在担心什么，别让恐惧和焦虑破坏你的生活

我们的生活就是由无数件事情组成的，或者是大事情，或者是小事情，或者已经成为过往，或者正在发生。倘若我们每天“琢磨”这些事，把这些事情无一例外地放到心底，就会使自己变得焦虑、恐惧，使人生的道路越走越沉重。为了轻松自在地行走在人生之路上，我们应该学会丢弃那些不必要的想法，做到轻装上阵。

心灵强大，才能坦然地面对人生

人生之中，为了得到更多，拥有更多，人们忙忙碌碌，一刻也不能停歇，直到时间悄然流逝，才发现自己在沧桑之中已经忘却初心，也失去了生命之中最宝贵的东西。正如保尔·柯察金所说，人最宝贵的是生命，生命对于每个人而言都只有一次机会。正是这一去不复返的生命，让人们在人生的旅程中感受到更多的美好与可贵。有人说人的一生是漫长的，漫长得很难熬过去；也有人说人的一生是短暂的，短暂到如同白驹过隙。其实，人生是漫长还是短暂都取决于我们的心态。对于充实成功的人生而言，时间过得很快，相反，对于无聊乏味的人生而言，时间则过得无比漫长。

为什么有些人总是能够获得成功，有些人却总是失败呢？曾经有名人说，每个人的客观条件其实相差无几，最重要的在于内心。对于每个人而言，即使拥有再多的财富，也不如拥有强大的心灵。唯有心灵强大，我们才能坦然面对人生的各种挫折和磨难，才能在需要的时候勇往直前，无所畏惧。

没有人能够一帆风顺地度过人生。在人生的旅程中，我们既能够看到美妙的风景，也会遭遇坎坷泥泞，甚至被荆棘刺伤。唯有保持心灵的强大，我们才能坦然面对命运赐予的一切，哪怕感到失望，也绝不悲观绝望，这样的人生才能勇往直前，也永远不会因为困境而停滞不前。很多人都觉得人们不同的命运是天生注定的，实际上每个人的人生之所以不同，是人们后天的选择决定的。心灵强大的人总是不焦虑、不急躁的，能够坦然面对人生，即便遭遇最坏的情况，也依然能够保持淡定从容，能够理智应对，这也使得他们能够从失败中汲取经验和教训，从而帮助自己获得生命源源不断的力量。

接纳是解除焦虑的前提

民间有种说法，叫“大小脸”，指的是几个月的婴儿因为睡觉总是朝着一侧，所以脸庞一边大些，一边小些。虽然差异不是那么大，但是细心的人还是能看出来的。听到这里，你心里一定会想：这个小宝，一定是经常朝着脸小的那一侧睡觉，所以把脸压扁了。其实呢，有经验的人会让你下次哄婴儿睡觉朝着脸小的那一侧睡，因为被压之后，脸小的那一侧会长得大些。这就证实了，受到挤压的那一侧，才是长得比较大的一侧。这说明了一个什么问题呢？用一个不太形象的话来说，就叫“哪里有压迫，哪里就有反抗”。听起来很好笑，事实却恰恰如此。因为婴儿总是朝着一侧睡觉，所以被挤压的那一侧就会努力地生长。七八十年代的人都知道，那个年代的学龄孩子，常常有肩膀一边高一边低的现象。这又是为什么呢？那会儿还没有双肩背包，大多数孩子背着母亲缝制的布袋子装书本。由于总是在一边背，渐渐地，背书袋的那一侧肩膀就会显得高些。这是因为被书袋子压着，那边的肩膀总是不由自主地使劲往上。这样说来，压制并不能解决问题，反而是放松，才能得到想要的结果。

现代社会，生活压力非常大，工作节奏紧张，因此人们常常陷入焦虑之中。焦虑说到底只是一种情绪，在没有达到一定的程度之前，完全不能称之为疾病。所以，如果你也陷入了焦虑之中，那么千万不要产生排斥心理。很多人一想到自己焦虑了，恨不得马上把这个包袱从肩膀上甩下来。结果事与愿违，他越是重视焦虑，排斥焦虑，焦虑的程度就越是加重。那么，最好的办法是什么呢？要想消除焦虑，首先要做的是从心理上接受焦虑。焦虑只是一种很正常的心理情绪，没有什么大不了的。它就和我们高兴的时候会笑，悲伤的时候会哭一样，烦恼了自然会焦虑。接受焦虑之后，我们接下来要学会和焦虑和谐相处。所谓和谐相处，就是不以焦虑为“苦”。我们既不排斥它，也不否定它，更不与它纠缠和较劲。它在就在吧，它原本就应该存在于我们的各种情绪之中。如此想来，你就不会把它当回事了。日久天长，在你不知不觉的情况下，焦虑就消失得无影无踪了。

一旦你真正接受了焦虑，能够与焦虑友好相处，你就不会再因为小小的焦虑而心烦意乱。你还可以想出很多积极的方法排解焦虑。例如，喜欢看电影的朋友，可以约着爱人、家人或者朋友、同事去看一场心仪已久的电影；喜欢大自然的朋友，可以约上三两知己去郊外郊游；喜欢读书的朋友，不妨泡杯茶，读读书；喜欢大海的朋友，去海边吹吹风、听听浪，也是不错的选择。总之，要选择让你心旷神怡、精神愉悦的事情去做。还有一个最简单直接的办法，就是对着镜子里的自己笑。这种方法听起来可笑，然而，对于心情极度抑郁的人，却能起到立竿见影的效果。当你真正假装对着镜子里的自己笑时，你会发现心情真的好一点儿了。笑着笑着，你就发自内心地笑了，焦虑自然被赶跑了很多。

前段时间，张明最好的同事李杜突然去世了。李杜很年轻，和张明年纪相仿，四十多岁。对于职场人士来说，这正是黄金年龄，已经到了事业小有成就、生活稳定的阶段。然而，李杜还没有来得及享受这一切，就丢下妻子儿女，离开了人世。李杜死于脑溢血，抢救都没来得及。他在猝死之前加了三天三夜的班。李杜总是这样，是个典型的工作狂人。看着李杜的妻子哭得肝肠寸断，张明也很伤心。他暗暗告诉自己：工作很重要，身体健康更重要。一旦顶梁柱垮了，家就塌了。

参加完李杜的葬礼1个多月，张明总觉得自己头晕目眩、心慌气短。他惶惶地想："我不是也生病了吧？"就这样，因为焦虑，他晚上开始失眠。越是失眠，越是想睡觉，越是想睡觉，越是睡不着。看着张明的黑眼圈，妻子纳闷地问："咱们最近没熬夜啊，你怎么会缺少睡眠呢？"张明把自己的感受告诉妻子，妻子说："不会的，我们还是比较注意劳逸结合的，平日里吃饭也清淡少油。你别胡思乱想了。"妻子的安慰并没有打消张明的顾虑，看着张明还是夜夜失眠，聪明的妻子说："这样吧，睡不着咱们就起来看电影。如果你担心身体有恙，我就陪你去医院检查检查。"说完，妻子打开家庭影院，陪着张明看电影。果然，一部电影没看完，张明就困得睡着了。看着睡得香甜的张明，妻子打开电脑，预约了一家医院的全套体检。

体检结果很好，张明的身体一切正常，壮得像头牛。又看了几个晚上的电影，他的失眠也好了。这一切，都要感谢充满智慧的妻子啊！

得知张明失眠，妻子并没有着急，而是气定神闲地打开家庭影院陪着张明看电影。妻子知道，越是排斥失眠，失眠就会越严重。既然睡不着，不如做点喜欢的事情，也是一种收获。得知张明的心病和焦虑的病根之后，妻子马上预约了非常全面的体检套餐，打消了张明心里的顾虑。要知道，同龄人的猝然离世，会给活着的人带来巨大的压力。现在的张明，在妻子的帮助下，心里毫无郁结，失眠的症状也消失了。

现代社会的生活节奏越来越快，各种压力越来越大。大多数人都生活在焦虑之中，对消除焦虑毫无办法。面对焦虑，我们应该积极地动起来，找到焦虑的症结，再找些积极的事情做，焦虑就会自然消散了。

你的忧虑不过是杞人忧天

很多人都会未雨绸缪，在事情发生之前进行各种规划，让事情未来进展得更加顺利。这样全面考虑问题，当然是很好的。不过，凡事物极必反。如果一个人面对任何问题的时候都预先设想各种坏情况，那么他就会因为担忧而止步不前。例如，一个人在开公司之前，想到最好的情况，也想到最坏的情况，然后坚定不移地去做，这叫果决。如果一个人在开公司之前总是患得患失，又怕赔本，又怕公司不挣钱，又怕会像2008年那样突然来一次金融危机，又怕自己的公司被其他新兴的公司击垮……各种担心各种怕，那么，他开公司的梦想永远也不会实现。这样喜欢忧虑并且因为忧虑止步不前的行为，就是杞人忧天。要知道，如果总是担心天塌下来，那么在天真正塌下来之前，你就已经因为忧虑和担心崩溃了。与其为那些不太可能发生的事情焦虑、担忧，不如把更多的时间和精力用于活好现在。人，永远活在当下。

现代社会，越来越多的人被各种各样的杞人忧天的想法所禁锢。就拿最饱受争议的爱情来说吧，前段时间进入了方便面时代，如今又进入了丈母娘推高房价的时代。曾经那美好纯真的爱情呢？曾经，我们说爱，不管地老天荒，不管天涯海角，更不管什么房子、车子和票子，唯一让我们奋不顾身投入婚姻的，就是纯粹的爱情。当时的人结婚很简单，单位分的一间房子，或者是租借来的一间房子，有张床就可以了。现在呢？姑且不说结婚的目的变得复杂，单说结婚的形式，就已经变得让大多数年轻人大呼：结不起！现在的很多女孩，在找男朋友的时候，已经不再把彼此的好感排在首位，而是要关心对方有没有房子、车子和票子，关心对方有没有一定的社会地位。一份幸福美满的婚姻中，这些东西原本不应该是双方一起去努力获得的吗？什么时候变成了结婚的筹码？结婚的男男女女，如果不考虑这么多物质的因素，来一场时髦的裸婚，也许会发现面包有了、牛奶有了，一切都有了，当然，更能比别人多一份同甘共苦、一起奋斗的深情厚谊。只有这样的爱情，才能为幸福的婚姻生活打下坚实的基础。

近来，小敏的单位正在裁员。她的单位是国企，已经有很多年头了，所以体制庞大，有很多闲散人员。由于单位最近上了新的流水线，所以节省了大量人力。为此，领导痛下决心，决定裁掉一批人员，轻装上阵，适应市场经济的规律。得到这个消息后，小敏担心极了。她问好朋友丽丽：“丽丽，你听说要裁员的消息了吗？你说，咱们要是没有工作了，那可怎么办啊？以后，咱们归谁管呢？”丽丽淡然地说：“听说了啊，不过，你也别着急，因为着急也没用。要知道，裁员不裁员又不是咱们说了算的。”小敏还是很担心：“现在社会这么复杂，咱们万一被裁员可怎么办啊？想想都可怕。”丽丽说：“小敏姐，你就别担心了。你看，你是咱们厂的技术骨干，就算把大家都裁了，也轮不到你啊。我这种半吊子的水平都不担心，你担心什么呢？况且，不管裁不裁的，也不归咱们管。咱们啊，只管干好手里的活，其他的交给领导决定吧。”丽丽的话并没有安慰到小敏，小敏一整天脑海里都是裁员的事情。

晚上回家，小敏又和丈夫叨唠这件事情，丈夫的说法和丽丽一样，说干好自己的工作就行，其他的也担心不来。小敏却失眠了，她翻来覆去地琢磨着万一被裁员，应该做点儿小生意、小买卖。但是思来想去，小敏觉得自己什么生意也做不成。家里怎么生活呢？只靠她丈夫的工资，根本不能养活一家老老小小。想着想着，天亮了，小敏彻夜未眠。就这样，小敏此后几乎没有一天睡好觉的，工作上还因此犯了好几个小错误，被领导批评了。

1个多月后，裁员名单公布了。小敏紧张地看着公告榜，发现没有自己的名字，长长地嘘了口气。然而，丽丽告诉她的事情又让她郁闷了。原来，领导原本准备借着裁员的机会提拔小敏当车间的主任，就因为小敏杞人忧天，睡眠不足，在工作上犯了错误，所以就没有提拔她。

事例中的小敏的行为，就是典型的杞人忧天。对于自己无法操控的事情，担心不能起到任何作用。既然如此，不如踏踏实实做好工作，其他的就兵来将挡，水来土掩。但是小敏偏偏放不下，每天夜不能寐，最终错过了升职的机会。

生活中，很多事情都未必会发生，即使一定会发生，如果不是我们的力量所能控制的，担忧也毫无意义。因此，我们应该全心全意地做好自己，然后坦然面对一切发生的和即将发生的事情。

恐惧，是因为你放大了恐惧

“恐惧感真是折磨人。”《圣经》如是说。我们深知这句话的正确性。因此，所有人都对恐惧望而却步，他们压抑恐惧，被恐惧感折磨着。

人的恐惧有很多种，一种是真正的恐惧，另种是想象中的恐惧，这需要我们用不同的方式来对待。如果一件事真的有危险，人们有恐惧感是理所当然的，这种恐惧会使我们更加坚强和警觉，我们要认真地对待它。

但如果是想象中的恐惧，那我们完全可以不把它看得太严重，面对这种恐惧，想象和逃避只会壮大它的声势，我们应该正面对待它、克服它。

每个人都会面对恐惧，没有人例外，而那些被恐惧击败的人与成功者之间唯一的不同就在于，他们不愿意正视恐惧，因此被恐惧吞噬，直至最后失败。如果你将恐惧看得太严重，它们就会透过你的恐惧情绪侵袭你的精神和肉体，破坏你的理想和生活，而这种情况完全是不必发生的。

人生在世，总有一些事情让我们恐惧、害怕去面对，但一味逃避绝不是个好办法，我们应该勇敢地去面对它，并一个个认真地去解决，这样一路走下来，你会发现，曾经的恐惧反而是我们最强大的动力，学会克服恐惧是一种智慧与勇气。

有研究表明，当人们认为自己无法完成一件事时就会产生恐惧感，无形中给自己制造了很多障碍，其实，若你无视这些障碍，勇于尝试，你会发现这些恐惧是完全没有依据的，那些未知的事也没有你想象中那样危险。

功利心太强，容易患得患失

《论语·阳货》中记载，子曰：“鄙夫可与事君也与哉？其未得之也，患得之；既得之，患失之。苟患失之，无所不至矣。”孔子这段话的意思是：能和人品恶劣的人一起为君主服务吗？没有得到官位、富贵的时候，他处于忧虑之中，生怕得不到；得到之后，他依然处于忧虑之中，生怕失去已经得到的。假如一个人担心失去，那就什么事情都能做得出来。孔子原本用这句话来形容那些一心想得到官位，得到官位之后又担心失去的人。这种人，孔子认为他们会因为害怕失去而做出一切事情，甚至损害他人的利益，危害集体。当然，孔子说的是对的，这样的人的确使人害怕，也是一个集体之中的害群之马。在现实生活中，这样的人随处可见，他们的功利心太强，太患得患失。

实际上，一个人如果患得患失，自己也是非常痛苦的。因为他们的心里始终很紧张，不知道应该如何坦然面对外界的人和事，所以他们活着的每个时刻都如履薄冰。他们每分每秒都在算计，算计自己怎样才能利益最大化，才能一点儿亏都不吃，净是赚便宜。对于患得患失的人而言，人生就像哲学家叔本华所说的，从未有真正幸福和满足的时候，而一直在痛苦与无聊、欲望与失望之间不停地摇摆，就像钟摆。现代社会，生活节奏越来越快，人们在职场上的竞争也越来越激烈，所以，越来越多的人陷入患得患失的泥沼，无法自拔。因此，那些从容淡定、坦然面对生活的人，才是真正幸福的。

很久很久以前，有位神射手，名叫后羿。他射箭的技术非常高超，即使隔着很远的距离，也能打中杨树的叶子。而且，不管是以怎样的姿势，他都能打中目标，从未出现任何失误。渐渐地，人们口耳相传，他的名气越来越大。一个偶然的机会，夏王亲眼看到后羿高超的射箭技术，非常欣赏他。有一天，夏王心血来潮，决定把后羿召入宫中，把炉火纯青、出神入化的箭术单独表演给他看。

后羿来到王宫的御花园，夏王早已让下人在平坦的地方立好了一块一尺见方的箭靶，这个箭靶是用兽皮做的，箭心大概一寸。夏王一边指着远处的箭靶，一边对后羿说："我早就领教了你高超的箭术，今天，你要专门为我表演一次。不过，这次不同于往日你和别人比箭，像你这样的高手，一个人表演可能会觉得很无趣乏味。这样吧，我为你定个赏罚规则：假如你一箭射中靶心，我就给你1万两黄金，作为奖励；但是，假如你没有射中靶心，那么，作为惩罚，我要削减你1000户的封地。好了，你准备开始表演吧。"

夏王话音刚落，后羿就变了脸色。原本轻松自如的他，面色凝重。他步履沉重地走到距离箭靶100步远的地方，取出一支箭，搭在弓弦上，摆好瞄准的姿势。那一瞬间，他突然觉得箭有千斤重，因为他的身家财产也和这一箭联系在了一起。想到这里，向来从容不迫的后羿呼吸急促，手也开始发抖，瞄准几次都没有射箭。等到他终于狠下心松开弦，箭居然出乎意料地没有射中靶心。后羿脸色惨白，仓皇间射出的第二箭距离靶心更远了。

后羿黯然离开王宫，夏王也未免觉得扫兴。他失望地问下属："后羿不是神箭手嘛，今天怎么水平这么差？"下属沉思片刻，回答道："后羿以前射箭都没有奖罚，这次却关系到他的身家财产，所以，他的心就乱了，射箭的水平也受到了影响。看来，一个真正优秀的神箭手，还必须心静如水，不把利益放在眼里啊！"

原本百发百中的神箭手后羿，就因为有了夏王的奖罚规定，箭术大打折扣。看来，我们要想在成功的路上勇往直前，还不能过于计较自己的利益得失。只有平常心做事，才能更加趋于完美。

现实生活中，很多事情都是和我们切身的利益相关的。只有不怀功利之心，坦然面对利益的得失，才能朝着成功更进一步。

第 07 章

脚踏实地地做事，才不会在繁杂的生活中迷失

我们发现，很多成功者之所以成功，都有个共同的原因——他们是行动的巨人，他们踏实勤奋、认真专注，在专注的过程中，他们经历了沮丧和危险的磨炼，才造就了天才。的确，即使是一个才华一般的人，只要他在某一特定的时间内，全身心地投入和不屈不挠地从事某一项工作，踏踏实实，他也会取得巨大的成就。

浮躁只会蒙蔽你的双眼

社会发展的速度越来越快，人心也在快节奏的生活中变得越来越浮躁。浮躁已经成为当代的社会病。因为浮躁，人们变得人云亦云，忽视了自己的言论和思考；因为浮躁，人们越来越追求刺激，再也静不下心来看看自己，审视自己的内心；因为浮躁，爱情也进入了方便面时代，离婚、结婚不再是人生大事，还有几个人愿意穷尽一生得一人心？浮躁就像是一种迅速蔓延的疾病，把我们生活的方方面面都搅和得乱七八糟，人仰马翻。浮躁比疾病更可怕，得病了，我们会想着去治疗，但是，很多人往往意识不到浮躁的存在以及它带来的危害。从这个意义上来说，浮躁是隐形杀手。

对于社会来说，浮躁更是一个大毒瘤。浮躁在社会中蔓延，传染到每个人的身上，人们再把浮躁更加渗透进社会的内部，使浮躁在社会根深蒂固。现如今，做学术的、做建筑的、教书育人的、大街上讨生活的，不浮躁的都是真正的精英。

小到个人，浮躁也是要不得的。人生之中，除了嬉笑怒骂之外，每一件正经事都应该认真去做。你不认真对待生活，生活也必然不会认真对待你。所以，生活的态度应该取决于我们自己的内心，而不应该受到别人的影响。浮躁的人，非但看不清自己真实的内心，还常常会犯骄傲自大的毛病，严重的自负甚至会导致巨大的失误。他们听不进去别人真诚的意见和建议，一味认为自己是正确的。人活着，要想少犯错误，就一定要自省，而一颗浮躁的心是不会自省的。

黄绢是一名中学教师。自从任教以来，她始终任劳任怨，坚守在教育岗位。转眼之间，她在教育工作岗位上已经十几年了。今年年底，学校里要评选3名优秀教师，上报市教育局，据说，优秀教师不但分房子排在前面，还能去大城市学习呢。

学校里的老师为此议论纷纷，黄绢却很淡定，她知道，凭自己的实力，应该是能评上的。然而，时间一天天过去，学校迟迟没有公布评选结果。有好事的老师在黄绢面前说："黄老师，你知道吗？听说这次评选优秀教师，教育局李局长的儿媳妇很想上呢！我觉得，她比你的实力可差远了。但是，现在迟迟没有公布评选结果，就是想找个什么借口，让李局长的儿媳妇上。你啊，可也别总傻等着，活动活动，赶紧去活动活动！"

听了同事的话，黄绢有点儿心慌了。她家里一直住着学校的老宿舍，老少六口人，早就住不下了，却还挤着。这次评优，对她很重要呢！思来想去，她沉不住气了。当天晚上，她就买了一些礼品，去了校长家。校长一看黄绢，心里就明白了她的来意，不由得笑着说："黄老师啊黄老师，我一直觉得你是我们学校最有实力、最淡定的老师。怎么着，你不相信我，还不相信你自己吗？"校长话音刚落，黄绢的脸就红了起来，她拎着礼品站在那里，走也不是，留也不是，不由得埋怨自己为什么变得如此浮躁了。

原本胜券在握的事情，经由同事有鼻子有眼地一说，黄娟老师变得浮躁起来了，所以当晚就拎着礼品去了校长家。其实，她尽可以一直淡定下去，毕竟，她的实力是有目共睹的。但浮躁使她失去了信心和淡定，也无法冷静地思考和分析了。

我们不要因为外界事物的影响而变得浮躁，浮躁只会蒙蔽你的双眼，阻碍你的发展。

干点实事，做比说重要

在一幅漫画上，画着三只公鸡和一只母鸡。三只公鸡都很骄傲，有着漂亮的羽毛和血红的鸡冠。第一只公鸡说："我要努力下蛋。"第二只公鸡说："我要专心下蛋。"第三只公鸡说："我一定能下蛋。"那只母鸡呢？她什么也没说，而是默默地下了一个蛋。三只空想家公鸡，即使说再多假大空的话，也没有一只母鸡那样富有实干精神。如果世界上都只剩下公鸡，那么谁来下蛋呢？所以，世界上只需要很少的公鸡负责打鸣就好，而母鸡则多多益善，以为人们多生产一些富含营养的蛋。在参观复兴之路展览时，习主席说："空谈误国，实干兴邦。"从党中央的高度，也是倡导为党和人民干实事，而不是画饼充饥，搞富丽堂皇却毫不实用的面子工程。

当然，我们虽然不可能站在习主席的高度来探讨民族问题，却依然需要把实干精神贯彻自己的一生。人这一辈子，说长很长，说短很短，无非就是一睁眼和一闭眼的距离。如果每一次睁眼闭眼之间，我们只顾着说些假大空的话，而没有做任何实事，那么我们的一生就虚度了。

现代社会，尤其是在职场上，有很多的空想家。他们在工作上表现平庸，干起活儿总是吝惜力气，他们唯一大方的就是付出唾沫星子。不管说起什么话题，他们总是侃侃而谈，似乎他们是演说家，有无数的真知灼见要告诉大家，又似乎他们是无所不知的哲学家，有很多人生的哲理要向世人散播。第一次听这样的人说话，你也许会热血沸腾，听过几次之后，你会厌倦，因为你知道，与其这样长篇大论，不如干点儿实际的工作，后者才更有意义。当你有了这样的想法，那么恭喜你，你正在朝着实干家靠拢。最起码，你知道做比说重要，说得再好听，做不到也是空谈。

在漫无边际的大森林里，有一只小狮子和它的父母一起生活。它的父亲老狮子是森林之王，每天都威风凛凛，百兽无不臣服。看到父亲这么威武，小狮子激动地想："等我长大了，也要当百兽之王，就像父亲一样，让百兽全都臣服于我。"从此之后，小狮子每天都在全心全意地思考一件事，就是如何成为百兽之王。有的时候，母亲让它帮忙做些事情，或者小伙伴喊它一起练习奔跑，它总是摇摇头，说："我怎么可能去干那些小事呢，我可是百兽之王的儿子啊，我以后也要成为百兽之王。"日久天长，百兽都暗暗笑话它，讽刺它是"空想家"。

有一天，悠闲的小狮子去山下玩，遇到了一匹老马。老马看到小狮子悠然自得的样子，不由得批评了它几句。不想，小狮子马上为自己辩解道："我当然愿意干事情了，只不过，生活里都是一些小事，我要干惊天动地的大事！"老马沉思片刻，带着小狮子回到家里，拿出一包花种子让小狮子种到地里。它告诉小狮子，这花非常名贵，如果能让漫山遍野都开满这种花，一定会惊天动地，让百兽臣服。

小狮子以为种花很简单，因此不以为然地说："这事好办，把它埋进土里浇水，等着它生根、发芽、开花就行了。"

老马笑着问："那它们岂不是要在土里很长时间？"

小狮子不明就里，不假思索地说："当然要埋在土里，不然怎么生根、发芽、开花呢？"

老马乘机点醒小狮子说："哦，你可真是个聪明的孩子，这就是出人头地的方法啊！"

"嗯，唔，唔……"小狮子的脸红了。

要想出人头地，我们首先要做的不是夸夸其谈地去说，而是脚踏实地地去做。说，谁都会说，而且一个说得比一个好听。唯有做，才是展现真本领的时候。任何时候，我们都应该戒除骄躁，认真做人做事。故事中的小狮子，虽然有着远大的理想和抱复，但是却不愿意从小事做起锻炼自己的能力，那么，不管到什么时候，都无法获得成功。幸亏老马非常聪明，用种花的道理教导了小狮子，使它认识到自己的错误。

在职场中，做人、做事也是同样的道理。如果只说不做，即便你口若悬河地说上三天三夜，大家也会觉得你是中看不中用的绣花枕头，而且你说得越好，未来别人对你的心理反差就越大。与此相反，如果你只做，不说，或者做完了再去说，那么大家才会打心眼里佩服你、认可你，知道你是个真正有能力的实干家。记住，不管在哪里，实干家永远比空想家更受欢迎！

别嫌弃，伟大梦想从眼前工作开始

职场中，很多人都有一个通病，即眼高手低。其实，在进入职场之前，每个人都怀揣着美好的理想。人们往往把工作想得很美好，觉得工作应该是非常充实的，付出就马上能够得到回报的，觉得工作应该有着良好的办公环境，自己每天就像电视上展现的白领一样衣着光鲜地出入于高档写字楼，同事之间应该非常和善、团结友爱，领导呢，也会像父母一样了解和体谅自己……诸多美好的想象，使得人们在找工作的时候也就无形中提高了对工作的要求，觉得一切都应该是非常美好和完美的。实际上呢，对于应届毕业生而言，找工作的难度很大，因为现在的用人单位不仅要求学历，还要求有工作经验。所以，这就使得刚刚从大学校园里出来的他们有很大的心理落差。其实，不管是应届毕业生，还是有工作经验的职场人士，在找工作的时候，都应该抱着实干的态度。没有谁的理想是可以一蹴而就的。

很多时候，当你仰视着别人的成功，会忍不住自问：我不比别人差，为什么职位没有别人高？他明明比我大不了几岁，都是差不多时候大学毕业进入社会的，为什么他已经是个中层管理者了？其实，别人的风光你是看得到的，但是，别人风光背后的付出，却是你所不知道的。你不知道的是，他虽然和你差不多时候毕业，但是他一毕业就进入这家公司，已经在这家公司打拼七八年了。你虽然七八年间也在工作，但是几次跳槽，根本没有资历。你不知道的是，他虽然职务比你高，但是他也付出了很多很多，当你和朋友喝酒唱歌的时候，他还在公司加班呢！你不知道的是，现在的他有多么风光，曾经的他就有多么卑微。你不知道的是，他刚刚进公司的时候干的是最苦、最累的活儿，甚至没有清洁工自在。他是熬过了这一切，才有了今天小小的成就……你只看到别人很多显而易见的成功，却不知道别人在成功背后一直默默无闻努力地付出。你只看得见别人现在的职位很高，却不曾知道别人也是从一点一滴最卑微的小事做起，坚持努力，才有了今天。

进入这家公司之后，夏兰对自己的顶头上司萧雨很不服气。原来，萧雨和夏兰差不多大的年纪，但是夏兰是名牌大学毕业的，而萧雨毕业的大学名不见经传。夏兰以为，虽然自己刚刚来到这家公司，但是也有从业经验，应该是很快就能追赶上萧雨的。出乎夏兰的意料的是，虽然她在公司也很拼搏，工作上小有成绩，但是她的职位始终在萧雨之下。

一个偶然的机会，夏兰知道了一件让她备感意外的事情。原来，萧雨之所以深得公司领导器重，是因为她进公司的经历与众不同。在萧雨来公司应聘的时候，合适的职位都已经招聘满员了。公司领导告诉她，公司只有清洁工的岗位。没想到，萧雨义无反顾地说：“没关系，我干！”领导惊愕地看着萧雨，问：“你不嫌弃脏吗？”萧雨却说：“不嫌弃，我看上的是咱们公司的工作氛围和发展前景。虽然现在只有清洁工的岗位，但是我相信只要我工作出色，早晚会有合适的岗位等着我。”萧雨的话让领导对她刮目相看，同时心里不免有些疑惑：眼前这个美丽清爽的女孩，能在清洁工的岗位上坚持多久呢?

转眼间，半年过去了。萧雨依然踏踏实实地干着清洁工的工作。她不但把办公室的每一个角落打扫得干干净净，还把卫生间的卫生也搞得非常好。几乎公司的每一个人，都对她赞不绝口。萧雨充分发挥自己的浪漫才情，在保障卫生的同时，还主动买了很多绿植，装饰办公室的窗台、咖啡间和卫生间的角落。看着这些绿植，原本关系比较冷漠的同事，在喝咖啡或者工间操之余，居然有了闲情逸致聊几句。

最让人感到不可思议的是，有一次，老总谈一个大单子，谈了很久都没有谈妥。然而，当他再一次把客户约到公司准备做最后的努力时，客户谈判中途去了一趟卫生间，回来之后态度居然有了明显的缓和，表现出想要合作的意向。客户对老总说：“张老板，原本呢，我之所以迟迟没有答应你合作的要求，就是对你们的实力不太有把握。这次来到你们的办公场所，我看到你们的办公室窗明几净，所有物品摆放得不但整齐，而且布置也很雅致。最重要的是，刚才我去卫生间方便的时候，发现每个便池旁边居然都有一盆绿萝，洗手台旁还有金色的野雏菊。这样独具匠心的装饰，让我相信你们对待工作的态度也一定是积极认真的。所以，希望我们合作愉快！”老总就这样不可思议地顺利与客户签约，客户前脚离开，老总马上就表扬了萧雨，并且让其升任办公室主任。

升职之后的萧雨，果然没有让老总失望。在工作上，她处处抱着老板心态，从来不用老总特意安排。她非常用心琢磨，把每一件平凡的工作都做得尽善尽美。这样的表现，使得她平步青云，也难怪夏兰望尘莫及了。

换作其他人，一听说清洁工的工作，一定会躲得远远的。萧雨却不同，她很踏实，有卧薪尝胆的毅力。她愿意从最卑微的工作干起，并且一心一意地把这份工作干到极致。其实，没有几个老板是瞎子，只要你的工作真的做得很好，老板一定会看在眼里。换个角度来说，也许公司领导当时给萧雨清洁工的工作，就是为了考验她，看看她能不能真正静下心来去做好一件事情。所以，在萧雨的能力和踏实认真的工作态度得到展现之后，老板自然会重用她。

你呢？你愿意从最小的工作干起吗？记住，只有你踏实认真地去做了，你才能真正表现自己的能力，获得老板的认可和赏识。只有这样，你才有可能获得更好的舞台展示自己，走向成功。

人生苦短，做好一件事就好

有人觉得人生过于漫长，似乎怎么熬也熬不到头，因而只能终日无所事事，把人生活得百无聊赖。有人则恰恰相反，他们觉得人生太短暂了，恨不得把每分钟都掰成两半，做更多的事情，让人生变得更加充实有意义。

人生归根结底是短暂的。对于想把每件事情都做好的人而言，他们最终会发现人生苦短，短到如同白驹过隙，只能做好一件事情。倘若一个人过于贪心，总想把人生之中的每件事情都做到极致，那么最终的结果就是每件事情都做不好。这就像是学习，一个人总要术业有专攻，才能做出属于自己的成就。相反，倘若一个人把有限的时间和精力分散到学习的各个领域中，最终不但无法做到学有所长，还会使得各个方面的学习都毫无特色可言。这样的人生看似比百无聊赖的人生充实很多，但只是瞎忙、穷忙，最终和百无聊赖的人生一样收获乏善可陈。

在这个喧嚣的时代，不但生活节奏越来越快，工作压力越来越大，人们对于人生中很多事情的态度也变得如同对待快餐一样，恨不得马上解决。殊不知，人生之中很多收获必须经历时间的沉淀。有针对性，才能起到事半功倍的效果。

一生只做好一件事情，有些人也许觉得这是浪费人生，殊不知这其实是人生的幸运。事情在于精而不在于多，当我们穷尽一生把一件事情做到极致，也就足够青史留名。如获得诺贝尔奖的莫言和屠呦呦，他们一个专攻文学领域，一个专攻化学领域，最终都能够在全世界青史留名，也能够让世世代代的后人都记住他们，这是多么大的成就和荣耀啊！新东方教育集团的董事长俞洪敏，在创业之初也曾经面临过很多机会和选择。然而，他坚定不移地决定走好教育这条路，因为他深信这就是他毕生的事业，也愿意集中所有的精力把这件事情做好。最终，新东方在全国范围内家喻户晓，不得不说俞洪敏的选择是明智而又正确的，他也的确得到了回报。

香港著名演员刘青云深受很多观众喜爱，他所饰演的角色也往往都入木三分，给观众留下了深刻的印象。作为一名入行30多年的老演员，刘青云对于演员这一职业从来不敢懈怠，即便已经成为真正的演艺圈的元老级人物，他也依然一丝不苟，这一点得到了所有人的认同和赞许。

1999年，刘青云正在参加杜琪峰《真心英雄》的拍摄。当时他人在泰国，要拍摄一出大决斗的戏，现场会有装满玻璃的仓库爆破的情形，但是刘青云3天之后就要和郭蔼明结婚，杜琪峰有些担心，不知道是否应该拍摄这出戏，也很怕刘青云会受伤耽误婚礼。为此，杜琪峰犹疑不定地问刘青云："这戏还拍吗？"刘青云毫不犹豫地说："当然拍啊！"当然，刘青云也很清楚这出戏的危险，因而在正式开拍之前再三叮嘱编剧游乃海，说："万一我受伤了，不要送我去医院，把我送上飞机回香港，我不能耽误参加婚礼。”原本游乃海以为刘青云在说笑，但是当看到刘青云布满血丝的大眼睛和一本正经的模样时，他才知道刘青云说的是真的。幸好这出戏圆满结束拍摄，刘青云顺利参加婚礼。事情过去很久之后，还有人就此事和刘青云开玩笑，刘青云却严肃地说：“一生只做一件事，当然要认真对待，把它做好。”

作为一名娱乐大众的演员，刘青云对待毕生的事业——演戏，却丝毫不敢懈怠。因而，很多圈内圈外的人士都很佩服刘青云的敬业态度，也对他竖起了大拇指。人在一生之中，实在无法预测自己到底要面对和经历多少事情，然而倘若不管做什么事都三心二意，最终的结果一定是一事无成。我们只有集中所有精力，全身心投入地做好一件事，才能将其做成事业，也才能使其成为我们毕生的荣耀。

需要注意的是，一生做好一件事情，尽管听起来简单，真正想要把这一件事情做好却并不容易。我们首先要确立人生的终极目标，也就是我们平常所说的长远目标，并且始终牢记目标，不忘初心，才能避免半途而废，也不会因为那些不相干的事情分散精力。如果把有限的时间和精力无限地分散，最终人生就会毫无成果可言，我们的人生也距离梦想和成功越来越远。

做好每件小事，人生就尽善尽美了

成功者从来不会奢求得到成功的人生，他们唯一能够做到并且愿意去做的，就是做好自己手里的事情。至于过去的，或者是未来的，主张活在当下的他们统统不愿意理会，因为他们坚信人生是由每一件此刻握在手里的事情组成的。要想让人生了无遗憾，我们就必须做好当下的每一件事情，这样才能让人生尽善尽美。

社会再大，也是由作为社会基本单元的个体组成的。人生再漫长或者复杂，也都是由我们此刻正在经历着的一件件小事组成的。就像我们必须画很多点才能连成一条直线一样，我们要想画好人生的这条直线，就必须尽量画好组成直线的每一个点。想明白这个道理，我们才能坦然面对人生的坎坷挫折，才能为了实现人生的圆满而不懈努力。

很久很久以前，为了决定由谁统治英国，国王查理三世决定和里奇蒙德伯爵亨利率领的军队决一死战。为此，查理三世做足了准备，只为了到时候在战场上与亨利一决高下，取得对英国的统治权。

随着时间的流逝，很快就到了查理三世和亨利约定的决一死战的日子。当天清晨，查理三世让马夫为他备好战马，因为马掌上的铁钉不多了，所以马夫匆匆忙忙为马掌钉了3颗钉子，就将其牵给了查理三世。

仇人见面分外眼红，更何况是面对要与自己争夺对英国统治权的人呢！查理三世带领全体将士策马扬鞭，朝着敌人冲过去。正当双方要短兵相接的时候，查理三世突然发现自己这边有几个士兵因为胆怯，正准备逃离战场呢！为了不让这几个逃兵影响全体将士的士气，查理三世马上策马扬鞭，冲向因为逃兵而出现的缺口，他的本意是想召唤回士兵继续战斗。没想到，他刚刚冲到一半路程，战马的马掌突然掉落下来，因为身体失衡，战马翻倒在地，还把查理三世也狠狠地摔在地上。查理三世第一反应就是去抓马的缰绳，然而战马在轰鸣的战鼓声中惊恐不安，居然站起来飞奔而去，逃离了战场。这时，站在原地的查理三世看到自己的将士都在撤退，而敌人却越战越勇，径直朝他们包围过来。手无寸铁的查理三世无计可施，最终成了敌人的阶下囚，战斗就这样出人意料地结束了。

对于这个真实的历史事件，英国至今流传着一句谚语：“少了一个铁钉，失去一只马掌；失去一只马掌，逃亡了一匹战马；逃亡了一匹战马，打败了一场战役；打败了一场战役，灭亡了一个国家。”尽管这首类似于打油诗的谚语带着调侃的意味，却不能改变历史上这真实而又残酷的一幕。假如马夫没有在仓促之中只钉了3颗钉子在马掌上，也许查理三世就能阻止士兵的溃逃，从而鼓舞士气，带领全体将士打赢战争，获得最终的胜利，那么整个历史都将因此而重写。

人生在世，几乎每个人都在不停地面对各种各样的事情，正是这些或者让我们悲伤、或者让我们庆幸的人生经历，让我们渐渐成长，变得成熟。尤其需要记住的是，人生无小事，很多人之所以前功尽弃，遭受失败的打击，并不是因为他们能力不足，也不是因为他们运气不好，而只是因为他们忽略了一些细节。当然，人生是不可预知的，每个人都不可能保证自己一定会拥有成功的人生。我们唯有专心致志地做好当下的每一件事情，才能尽量避免人生的遗憾，也才更有可能获得成功的人生。

第08章

你有自己的大脑，是时候学会独立思考了

人应该是独立的，独立行走，使人类脱离了动物界而成为万物之灵。我们的成长过程就应该是一个逐渐独立与成熟的过程。然而，现代社会，一些人对他人，尤其是对父母的依赖常常困扰着他们。一旦失去了可以依赖的人，他们常常不知所措。但是，你需要明白，你的路，任何人无法代替你走，所以是时候学会独立思考了。

保留观点，不盲目相信权威

每个行业都有权威，在权威面前，外行或者是新入行的人，总是有点儿胆怯，生怕自己哪句话说得不对就露了怯、丢了人。换个角度来看，权威说的就一定是对的吗？我们常常说看待问题要尽量客观公正，但是这个世界上根本没有绝对的客观公正。不管是谁，客观公正都是相对的，因为他们多多少少还会站在自己的角度看待问题。如此一来，客观和公正，只是带着主观色彩的客观和公正。老虎还有打盹的时候呢，更何况是人呢？权威也是人，也会犯错误。即使神仙，也不可能事事皆明智，事事皆正确。所以，在权威面前，我们要虚心学习，但也要保留自己的观点。如果认为自己是正确的，坚持一下也无妨，也许你的坚持恰恰避免了权威犯错呢？如果真是这样，权威还会感谢你呢！

虽然挑战权威是一件非常霸气的事情，但是真正到了现实生活中，又有几个人敢于挑战呢？姑且不说挑战权威，只说在权威面前保留自己的观点，就很难做到了。归根结底，这跟我们千百年的思想教育有关系。大多数人都认为权威说的是对的，即使错了，也认为是对的。其实，现在的中国，更需要严谨认真的态度，更需要敢于坚持的精神。不管是在社会生活的哪个领域，这样的精神都是弥足可贵的。

一台重要的手术，正在医院里进行着。这一次，主刀医生是赫赫有名的外科李主任。实习生小李第一次给李主任当助手，心里非常紧张，额头上沁出了细细密密的汗珠。历时8个小时，手术终于进入尾声了，台上的每个人都累得仿佛虚脱一般。李主任让张医生开始缝合伤口，这时，小李突然叫道："停！"大家都不明所以地看着小李，小李轻轻说道："我们用了12块纱布，但是这里只有11块，你遗留在患者腹中1块。"小李的话一出口，护士长就马上呵斥道："小李，你累昏了吧，李主任怎么可能把纱布遗留在患者腹中呢！"李主任也斩钉截铁地说："不可能，我全都取出来了！"这时，其他观摩手术的实习生都窃窃私语，说，"小李是不是糊涂了，居然质疑李主任。""我看，小李是不想留院了。"……

小李还是坚持说少了1块纱布，这时，李主任有些愠怒地说："手术进行了这么长时间，病人身体损耗很大，现在必须立即缝合。"

小李再次坚定地喊道："不能缝合！我清楚地记得，我们确实用了12块纱布，但是这里只有11块。"

李主任很不耐烦地说："别再争执了，缝合！"

小李毫不退缩，几乎大声喊了起来："您是医生吗？您不能这么草率地对待病人！"

听到小李的呐喊，李主任原本怒气冲冲的脸上露出了笑容。他摊开手心，那里躺着小李说的"第12块纱布"！与此同时，李主任对大家宣布："今年，我手里唯一的留院指标，是给小李的，因为只有她才能成为我最合格的助手。”

事例中的小李，的确用自己的实际行动证明了她会成为一名合格的外科医生。在护士长的训斥、李主任的佯装恼怒中，她丝毫没有退缩。即使身边和她一样的实习生提起她不应该得罪李主任时，她也依然毫不屈服。最终，小李证明了自己的优秀。对于外科医生来说，手术台上的一举一动都关乎患者的生死存亡。如果因为权威在场，就不敢坚持自己的观点，那么就可能酿成大错。权威，不代表任何时候都不会犯错。就像上述事例，如果小李和其他人一样也对李主任盲目迷信，如果李主任真的在患者腹中遗留了纱布，那么后果不堪设想。

我们应该向权威学习，但是要知道权威和真理之间不能画等号。不管什么时候，我们都应该相信自己的判断，坚持自己的看法。如果一味附和权威，那么我们非但不会有进步，反而会更加退步。只有抱着谨慎的态度，批判和学习，我们才能让自己更快地成长。

信权威，而不尽信权威，更不迷信权威，也许才是向权威学习的最好方式。

特立独行，保持个性

大多数人都遵循着大众的秩序生活着。一件事情，大家说是对的，我们就一起去做，即使错了，这么多人去做了，也是对的。从潜意识来说，这是一种自我保护意识。然而，很多时候，别人错的，不代表我们也能错。还有很多事情，是中庸的，是无可指责的，我们依然遵照别人去做出行动。但是，在这样的随大流行为之中，总有些不和谐的音符。这些音符那么跳脱，使人觉得很不协调。对于这些不和谐的音符，人们常常嗤之以鼻、不屑一顾。其实，这些不和谐的音符代表的未必是错，更多的是独特。

保持个性，在大城市相对更容易一些。因为大城市生活节奏快，人们习惯了每天独来独往。在小地方，想要保持个性就没有那么容易了。周边都是熟人，大家或者是亲戚，或者是朋友，或者是相邻，或者是同事，总而言之，小地方的人似乎都有牵扯不断的关系。那么，在这群人中，如果你凡事不随大流、不从众，总是像针一样扎人耳目，那么难免会成为流言蜚语的攻击对象，不管你做的是对的还是错的。

现代社会，求变，求创新，求个性。纵观历史长河，凡是有所成就的伟人，都是桀骜不驯的、有个性的。被磨圆了的，是鹅卵石，不会成为钻石。大多数钻石都有棱有角，个性十足。所以，我们应当保持自己的个性，不要凡事都追随别人的脚步，而要保持自己做人、做事的节奏。就像古时候毛遂自荐一样，如果他没有棱角，和其他门客一样不求出色，只求温饱，那么，他又怎么能够得到赏识呢？！我们不应该害怕展露锋芒，而应该尽情表现自己，施展自己的才华和能力，哪怕高处不胜寒，欣赏你的人寥寥无几。

如今，淘宝和网购已经完全融入了我们的生活。随着支付宝、淘宝网在我们生活中的地位日益提升，它们越来越不可或缺，阿里巴巴和马云也日渐成为全国人民关注的焦点。研究阿里巴巴成功的轨迹，我们不难发现马云与其团队的特立独行。这种特立独行不仅渗透在管理中，也渗透在马云的行事风格中。和大多数公司的管理者不同，马云坚信“管理一家公司靠的是智慧而非控股”。作为阿里巴巴的大Boss，马云在阿里巴巴的控股还没超过5%，但是，他作为阿里巴巴核心与灵魂的地位，从未遭受过怀疑。阿里巴巴从创业之初，马云就把董事会定义为工作的研讨会，没有任何权利的高下之分。在阿里巴巴，宗旨永远是团队控股，共同成功。

马云从不干涉团队成员在工作中的发挥，最终，他打造了一支和唐僧西天取经一样的优秀团队，这个团队里，有智者，有能者，有冲锋陷阵的人……总之，各种人才应有尽有。每一位团队成员的最佳发挥，得益于马云的不专权和谦卑。当然，阿里巴巴之所以大获成功，还因为其独特的中西结合管理方式。在管理上，阿里巴巴曾经因为盲目学习西方管理而付出了惨重的代价，但是，马云马上带领团队吸取经验和教训，最终摸索出既符合中国国情，又与国际接轨的管理模式，一举成功。

马云带领阿里巴巴团队创造了网络销售的传奇，这一切都得益于他走窄门，不盲目随大流。在大多数人都没有意识到网络销售的巨大市场时，他选择了这个行业。在带领团队发展时，他并没有盲目学习别人的经验，仍是特立独行，走出了属于阿里巴巴的独特之路。

过度思考，容易患上焦虑症

你是否曾经有过这样的体验，哪怕只是一件微不足道的小事，也会让你感到非常纠结和痛苦，甚至每天每夜都在想着这件事情，简直头痛欲裂？尤其是夜晚降临的时候，那件小事是否如同一根刺一样扎在你的心里，让你不得不失眠，头脑清醒地左思右想，等到好不容易睡着了，在睡梦中，你也因为这件事情而苦恼和烦躁？如果你的答案是肯定的，那么，你患了焦虑症，起因是过度思考。

人们常常在不知不觉中陷入过度思考的陷阱。通常情况下，大多数人都懒于动脑，但是也有些人过度思考。所谓过度思考，就是指人们对于一个问题的思考没有把握好度，导致自己陷入寝食难安的境地。实际上，很多问题并不像我们想象中那么复杂，也无须我们耗费那么多脑细胞去思考。在思考问题，男性与女性是截然不同的。男性的思维模式类似于直线，总是一针见血，一语中的，他们往往不会纠缠于某个问题。相反，女性的思维则更加感性，就像是一团乱麻，总是千头万绪，难以厘清。女性往往更容易焦虑，因为她们很擅长举一反三，尤其擅长把简单的问题想得非常复杂。殊不知，过度思考只会让她们不得从容。明智的人不会对一个小小的问题陷入沉思，很多问题也并非那样毫无头绪，只要理清思路，我们就可以从容不迫地回归生活的正轨了。

在过度思考中，还有一种现象是孤独思考。顾名思义，所谓孤独思考，就是指人们习惯于独自思考，也因为缺乏与他人的交流，所以总是误会和曲解他人。这对于人际交往，是不利的。

不管从哪个方面来看，过度思考都是有弊无利的。从现在开始，我们就要戒除过度思考的毛病，让我们变得神清气爽，头脑轻灵。

小梦在广告公司做策划工作，一直以来，她的策划案都深得领导赏识。为此，这次公司接到了一个大项目，领导特意交代给小梦去做。小梦接到领导的任务后，非常感激领导对她的赏识，因而马上开始投入工作，只为了给领导一个满意的交代。

这个项目关系到公司未来与对方公司的合作，因而小梦简直竭尽全力。不想，原本文思敏捷的她却遭遇“瓶颈”，虽然接连奋战好几天，却依然没有灵感乍现的感觉。小梦简直有些崩溃，因为再过两天就是交工的日子了。为此，她向好友求助，好友不以为然地说：“你呀，缺乏放松。这样吧，咱们今晚去唱歌，好好地怒吼一番，你就可以放下这个项目，彻底忘记它了。”小梦尴尬地笑了，说：“那我岂不是更没法完成工作了？你可知道，我最近几天废寝忘食啊，都是为了工作，连做梦都梦到项目的事情呢！”好友暗自窃笑，说：“所以你才缺乏灵感呢！脑细胞都快被你累死了！不要紧张啦，走吧，车到山前必有路。”就这样，好友把小梦拉去吃饭喝酒，然后又到了歌厅。一番声嘶力竭的怒吼之后，小梦觉得累极了。她浑身疲惫地回到家里，没有洗漱就和衣而睡。睡到半夜时分，小梦突然脑海中灵光一闪，出现了一个绝妙的好创意。她赶紧起床打开电脑，奋战到天明，一个堪称完美的创意横空出世，小梦华丽丽地完成了领导特意安排的任务。

在这个事例中，小梦之前灵感枯竭，就是因为她过度思考，导致思维僵化。幸亏好友在关键时刻带她尽情放松，才让她在彻底忘记工作之后，找回了久违的灵感。这样的妙手偶得，一定能够让她的创意更加充满灵气，也容易得到领导的认可和肯定。

很多情况下，一刻不停地思考都会让我们感到疲惫。举个最简单的例子，很多高三学生在高考之前，都会停止复习让自己放松一两天。如此一来，他们的临场发挥反而更好，更容易取得好成绩。当然，放空自己的方式多种多样，我们未必要去唱歌、跳舞或吃饭、喝酒。如果你爱好音乐，也可以去听听音乐。如果你喜欢插花，不妨静下心来插花。总而言之，只要是能够让你全身心投入而忘记思考的事情，你都可以去做。只要达到真正的放松，你就能够如愿以偿。

生活越来越紧张局促，每个人都应该善待自己。善待自己的方式有很多，我们可以给自己一个安安静静的午后，也可以让自己远离喧嚣的都市，回到空气清新、满目翠绿的乡间。我们的大脑就像是一台高速运转的机器，难免会觉得疲劳不堪。在这种情况下，一定要及时给予大脑充分的休息，千万不要让大脑过度疲劳，最终失去动力。

决断力如何，决定了你的成就如何

科尔在《最伟大的力量》一书中说：“那些做事情迟疑不定、没有明确目标的人，是最可怜的人，因为他们总是缺乏主见，也因此而失去了他人的信任。如此一来，他们还谈何成功呢？”毫无疑问，科尔说得很有道理。如果一个人连自己都左右不了，又怎么可能左右得了他人和命运呢！人生之中，我们难免会遇到很多突发的情况，有的时候也有很多关键的、重要的大事需要我们做出决断。在这种时刻，我们必须勇往直前，才能更加接近成功。否则，一味犹豫和纠结，只会使原本明朗的态势变得复杂。如此一来，你又怎么可能当机立断、斩钉截铁呢！

一个人如果优柔寡断，一方面是性格使然，另外一方面则是因为他无法判断事情的结果到底倾向于好还是坏，又或者他有自知之明，知道自己根本不可能做出正确的判断。在这种情况下，他往往穷尽一生也依然与成功失之交臂。和他相比，反而是那些看似“鲁莽”的人，在遇到事情时能够坚决果断地做出决定，最终更容易获得美好的未来。这就像是过河，如果一个人始终站在湍急的河流前举棋不定，那么他无论如何也无法过河。相反，小马之所以最终成功过河，是因为它亲自去试验了。这就是做的魅力，这就是行动的魄力和胆识。

如果你曾经读过很多成功人士的传记，你会发现几乎所有的成功人士都从未有在举棋不定中成功的。他们成功的道路布满坎坷，他们本身也为此吃足了苦头，但是他们从未退缩，更没有犹豫。他们的字典里没有后悔这两个字，更没有畏缩的定义。不管前路是光明还是黑暗，他们知道只有一往无前地前进，才能真正突破现状，获得更加耀眼的未来。

尤其是在做出重大决定时，大多数人都觉得事情越是重要，越应该慎重思考。事实恰恰相反，越是在面对重要的抉择，我们就越应该果断。从某种意义上来说，举棋不定是一种人性的弱点，它常常会使人们错失千载难逢的好机会。而且，当你长期处于这样的状态，也必然损害对自己的信任。试问，一个缺乏自信的人，难道能够做出什么惊天动地的事情来吗？而且，在做出决定之后，还要避免后悔。后悔会使我们陷入彷徨不定的状态，最终使我们失去明智的判断力。任何情况下，成竹在胸都是一种气势和魄力，也能够最大限度地增强我们的自信。

很久以前，有个渔民驾驶小船出海打渔。他已经十几天都没有打到鱼了，家里连一粒米都没有，孩子们饿得哇哇直哭。渔民努力地摇着船桨，向深海里驶去。他暗暗告诉自己：今天，我一定要打到很多鱼，给孩子煮一锅鲜美的鱼汤。正当他这么想着，突然看到前方的海面上冒出了很多气泡。他猛然想起父亲的话：假如海面上有很多气泡，就意味着气泡下方的海水里有鱼群。他心中激动不已，赶紧拿起渔网准备撒出去。然而，他突然停下手里的动作，心砰砰直跳：万一下面根本没有鱼呢，我岂不是白忙活一场吗？这样想着，他手头上慢下来。为了弄清楚海里到底有没有鱼，他决定潜水下去，看个究竟，这样也能探查鱼群的准确方位。

思来想去，渔民脱掉外衣，跳进海里。当潜入海底时，他惊喜地发现的确有鱼群正在海底畅游。这下子他踏实了，赶紧爬到船上，拿起渔网撒下去。然而，等到他收网时，却感到手底下很轻，网是空的。这是为什么呢？原来，在他冒险潜入海底去探查鱼群时，鱼群受到惊吓，早就已经游走了。而且，海流的情况随时在变化，鱼群也根本不可能原地等着他。渔民沮丧地再次空手而归，不得不去当铺当掉了外套，才给孩子带回家一块黑面包果腹。

对于这个命运悲惨的渔民而言，原本孩子们是可以喝上鲜美的鱼汤的，现在却因为他的犹豫和纠结，最终与鱼汤失之交臂。其实，在人生中的很多时候，我们都面临着这样的情况。当机立断，又有些犹豫；在犹豫纠结的时候，又与机会失之交臂。其实，马上展开行动并没有什么可怕的，因为如果不行动就既没有成功的机会也没有失败的机会，即使勇敢果决地做出决断却失败了，也远远比一无所有更好。

没有人的成功是一蹴而就的，大多数人的成功都是建立在失败的基础之上，一次又一次的失败，帮助人们积累经验，搭建阶梯，最终才能帮助人们更加接近成功。看看那些历史上干出惊天动地大事的伟人们吧，他们从未等到万无一失时才展开行动，更不曾在突发事件前深思熟虑。与其坐以待毙，不如边做、边学、边领悟，这样才能当机立断，抓住机会。

迟疑还是草率，一念之间

在人生的道路上，我们总是面临各种各样的抉择。一旦迟疑，就会错失机会；一旦草率，又会因为思虑不全遭遇惨败。那么，我们到底应该怎么做，才能把握好这一次又一次的抉择呢！也许，我们觉得自己这次的抉择完美无瑕，最终却因为一个不起眼的细节导致全盘皆输。也许，我们因为一次不够完美的抉择而懊悔不已，但是最终的结果却并非仅仅是让人沮丧。我们只有更加珍惜失败的经验，才能不断提升自己。

很多事情的抉择，就在一瞬之间。因而，永远不要奢望事情发生时会给你充足的时间权衡利弊、充分思考。大多数情况下，你只有凭直觉做出反应，才能不耽误宝贵的时间。因而，我们在日常生活中必须多多锻炼自己的抉择能力。只有把握好迟疑与草率的度，我们才能做出明智的决定。就像是一个老司机开车一样，在危急时刻的反应都是本能的反应，根本没有时间思考。当你的思维也进入本能阶段，你会发现一切都太美妙了，水到渠成。

正是因为决定的艰难，所有很多人都恐惧做出决定。因为对于多数人而言，决定都意味着冒险。在事情的结果没有确定下来之前，我们的任何决定都无法保证万无一失，我们既有可能大获成功，也有可能面临惨败。也许有人会说，既然这样，不如掷硬币吧！其实不然。掷硬币，完全是随机的，没有任何思考的成分，代表着听天由命的沮丧。而只有经过主动思考之后做出决定，哪怕这思考是凭直觉的，也比不思考更好，至少锻炼了我们的思维能力，为我们下一次的成功打下基础。

很多人都羡慕果决的人做事情时的坚定和毫不迟疑，其实，只要目标明确，做决定是很简单的事情。例如，你只要奔向自己的目标，一切就都能迎刃而解。由此可见，要想帮助自己变得坚定不移，就要明确目标。相反，那些目标含糊不清的朋友，也应该从此刻开始反思自身，从而确定自己未来的人生之路，然后毫不迟疑地走下去。只要目标明确了，做决定并不复杂。

一直以来，小娜最大的梦想就是在这个城市安家落户。为此，她和爱人这10年来始终省吃俭用，勤奋工作，终于攒够了50万元的首付，开始看二手房。其实，谁不想买新房呢！但是，新房位置偏远，价格也比二手房高。思来想去，小娜和老公决定就买二手房。

有段时间，小娜在网上联系了一个着急卖房的房主。据说，这个房主是因为要出国，所以才卖房的。因而只要付款方式好，价格可以商量。小娜感到很兴奋，甚至心潮澎湃起来。她当即拿出电话给房主打电话，房主约定让她次日中午来看房。次日中午，小娜和老公兴冲冲地赶去看房，果然，房子各个方面的条件都很好，完全符合小娜和老公对于房子的一切要求。最重要的是，这个房子还是临街的，采光好、无遮挡。也许很多大城市的居民喜欢安静，但是小娜老家的人们买房子最喜欢临街，说是比较朝阳。后来，小娜把要买房的事情和父母说了，父母也当即张罗着来给她们把关。当小娜又与房主约看房时间时，房主再次把时间约到了中午，还说中午阳光好。小娜没有多想，就同意了。果不其然，小娜的父母也看中了房子，还当即表示赞助他们几万块钱买房呢！就这样，小娜迫不及待地与房主签订了购房合同，开始办理手续。手续进展很顺利，这个房主还特意托了银行的朋友，加快了小娜的贷款手续。1个月之后，小娜就与老公张罗着搬到了新家。

让小娜万万想不到的是，当晚9点多，正当小娜一家洗漱之后准备休息时，楼下突然响起了震耳欲聋的音乐声。小娜和老公当即冲到楼下，还以为是哪家邻居在放音乐呢！然后，让他们大跌眼镜的是，楼下的地下室，被人家承包下来开了没有牌照的歌舞厅，深夜开张，到第二天凌晨才结束营业。整整一夜，小娜一家几乎都没合眼。事已至此，还能怎么办呢？后来，小娜才知道，原来附近的邻居都搬走了，现在住着的，都是租户，环境嘈杂，特别乱。还有的人家在其他地方有房子的，干脆就把这里的房子空着，一年半载也不来住一夜。事到如今，小娜后悔也已经晚了。她只能张罗着卖房子，每天都顶着黑眼圈去上班。

在这个事例中，小娜夫妻买房的事情无疑有些太过草率了。对于任何人而言，买房都是大事，尤其不能贪便宜。不管房主是要出国还是有其他原因处理房产，都不会无缘无故地把房子便宜太多出售的。在这种情况下，我们必须打听清楚二手房的相关信息，也了解周边的邻居等，才能做出慎重的决定。当然，也许小娜是担心拖得时间太长，房主价格会有变动，或者索性卖给其他人。这种情况也是有可能的，因而小娜没有迟疑。然而，最终的结果却不尽如人意。

生活之中，在迟疑和草率之间，我们一定要做出适度的衡量，才能在最终寻求平衡，既不过于思虑，也不过于草率，保证自己做出的决定是倾向于正确的。尤其是对于生活中的很多大事，当机立断是必须的，考虑周全也是必须的。我们要根据事情的实际情况做出衡量，才能最大限度地保障自身的权益。

第 09 章

拥有感恩和快乐，心宽一些日子自然好过得多

生活，永远不会是我们最想要的那个样子；得失，也永远不会呈现我们最满意的结果。面对生活中的不如意，有人抱怨，有人懊恼；看着种种惨痛的失去或不尽如人意的得到，有人不甘，有人嗟叹。然而，一味感伤哀悼，除却白白虚耗我们的大好光阴，不复有它。如果我们都能够换个角度，调整心态，以感恩的心来看待一切，你会发现，原来世界是这么美好，自己是如此富有。

雍容大度，彰显大气度

生活中，有些人总是显得很小气，不管做什么事情都缩手缩脚，让人看了心生不屑。相比之下，有些人则显得非常大度，做任何事情都有大开大合的气势，让人看了心生敬佩。为什么同样是人，给予他人的感觉却如此不同呢？归根结底，是因为每个人都有自己的人格魅力。

说起人格魅力，细心的人会发现，古今中外，大凡成功人士，一定是有着自己独特的气质和与众不同的魅力的。他们不但在生活中宽容敦厚，而且在工作上的表现也勇敢果决。无论是身处困境还是逆境，也无论是在人生的波峰还是波谷，他们始终能够坦然淡定，表现出绝佳的气质风貌。魅力，就像是人生的光芒，能够将你身边的每一个人都笼罩其中；魅力，就像是和煦的春风，能够让每一个看到你的人都沉醉其中。魅力能够驱散人生的阴郁，让人们突然间感受到希望，感受到自信，感受到与众不同。因此，成为一个拥有魅力的人吧，当你变得雍容大度，你身边自然会有很多人围绕，你距离成功也会越来越近的。

乔治是一家公司的老板，他为人宽和，深受员工们的喜爱。而且，最让人惊讶的是，乔治的所有员工都很爱抱怨，尤其是向乔治喋喋不休。但是他们从来没有任何关于辞职的想法，总是一边不停地抱怨，一边继续卖力地为公司效力。这到底是为什么呢？

原来，每当员工们抱怨的时候，乔治从来不会像普通的老板那样呵斥他们，反而始终面带微笑，耐心地倾听。当被人问及为何经常遭到抱怨却从不生气时，乔治发自内心地笑了，他说："我的员工们之所以向我抱怨，是因为他们信任我。我必须让他们感到轻松和毫无压力，尤其是在他们抱怨的时候，这样他们才能排遣内心深处的压力，消除心里的负面情绪。"

通常情况下，人们都喜欢向自己信任的人抱怨，因为这样不必担心有什么恶劣的后果。例如，夫妻之间经常争吵，是因为其中的一方总是爱向另一方发脾气。实际上，这也是一种爱的表现。再如，孩子们往往在家以外的地方表现良好，在家里时，却显得很任性刁蛮，这也是因为他们知道父母一定能够无条件地包容和爱他们。既然如此，当别人向你表现他们内心深处的脆弱时，你有什么理由斥责他们呢？你首先应该感谢他们给予你的信任，其次应该以宽容平静的心安抚他们的情绪。从心理学的角度来说，很多人的内心里都渴望得到他人的认可、宽容和厚爱。如果我们能够恰到好处地满足人们的这种心理，就能得到他们真心的拥护和爱戴，甚至能够得到他们忠心耿耿的追随。

当然，有气度不仅仅表现在能够接纳他人的抱怨，也表现在对他人的宽容和忍耐。人非圣贤，孰能无过。可以说，每个人都会犯错误，也都必然犯过错误。既然如此，我们又何必以不完美的自己来苛求别人呢？生活中还有些人认死理，总觉得有些话一旦说出就必须兑现。现实情况是，事情的状况随时随地都在发生改变，我们必须根据实际的情况及时做出调整，才能顺势而为。因而，不要因为他人没有兑现承诺就气急败坏地找他人算账。只有宽容他人，才是放开自己。从现在开始，就让我们忽略别人的那些小错误吧，不要再用别人的错误惩罚自己。

成为一个有气度的人，你会发现自己的生活也轻松了许多。当你的眼睛不再盯着别人的错误，而是看到别人的美好，你就一定会更加开心愉悦。这样的人，永远知道自己想要的是什么，因而更加关注事情的本质，而不会因为细枝末节的问题而耿耿于怀。如此豁达的人生态度，如此宽容的处事心态，一定能够助你更快意地畅享人生！

心怀感恩，一切烦恼迎刃而解

对于生活，很多人都有着无穷的抱怨，并且探求生活的本质而不得。其实，生活的本质很简单，那就是生活取决于你的内心。当你的内心无比复杂且贪婪，你的生活就会张开血盆大口，就像一个无底洞。相反，当你的内心知足且感动，你的生活也会幸福而安逸。这就是生活的本质，也是我们内心的本质。与其抱怨生活，不如停止抱怨，改变自己的内心。实际上只要你的内心简单，生活就不复杂。

对于命运，人们常常用一招走错满盘皆输来形容。殊不知，命运并非那么严酷的，而且也没有人能保证自己走对人生的每一步。所谓落子无悔，即使你走错了人生的一两步，也完全可以在未来的日子里改变自己，从而弥补人生。总而言之，还是我们的内心太复杂了。从现在开始，就让我们变得简单一些吧，让生活也变得像1+1=2那么明了。当你把简单作为生活的纲领，你会发现生活中的一切烦恼都迎刃而解。

作为一家公司的销售主管，李娟的生活几乎每天都是奋力拼杀。众所周知，做销售工作靠的就是业绩，只有始终为业绩打拼，才能保持优秀的状态。又因为销售工作的报酬直接与业绩挂钩，所以很多销售人员都承担着巨大的业绩压力，几乎做梦都在想着出业绩的事情。李娟也不例外，所谓新官上任三把火，自从她担任销售部主管以来，就无时无刻不在承受着巨大的压力和承担着高强度的工作。半年多过去了，虽然李娟把自己负责管辖的华东大区的销售业绩提升了很多，但是她却因为压力患了抑郁症，不得不停下工作，去山区里旅游和调养。

在一家路边的小吃店，李娟第一次真正感受到幸福的魅力和感恩的魔力。毫无疑问，在李娟眼里，这一家由全家人通力经营的小吃店几乎不算什么，但是对于店主全家而言，这却是生活的希望所在。每天清晨他们全家人就起床忙碌，各自都有分工。这样的忙碌，会从清晨持续到深夜，他们不得不在白天的时候轮流休息，以此支撑小吃店的工作正常运转。看到这样的情形，李娟疑惑地问店主："你的孩子已经那么大了，为什么不让他们出去打工挣钱呢，肯定比这样来钱快，也没那么辛苦！"店主笑着说："孩子们从小就没离开过家，老大曾经和别人一起出去打工半个月，但是觉得无法适应，就又回来了。"李娟困惑地问："但是这样并不是长久之计啊！总不能一直这样下去吧？"店主的老婆惊讶地反驳："怎么不能呢？我们现在生意还不错，全家人有吃有喝，还有盈余。你看看那边的小楼，就是我们刚刚修建的，楼上楼下有十几间房子呢，足够全家人住了。我们全家人都在一起，每天开开心心、快快乐乐，那些孩子不在身边的邻居，都羡慕不已呢！其实你来得不巧，要是早几天来，我们有山里的野味，还有鲜美的野生蘑菇，不过这几天都已经吃完了。这些东西，可是你们城里人有钱也买不到的啊！"看到店主夫妻幸福满足的样子，李娟突然意识到自己如同拼命三郎一般的人生简直太失败了。

自从大学毕业之后，李娟因为忙于工作，就很少回家看望父母了，即使回去，也是匆匆忙忙住上三两天，在家里根本待不住。也因为忙于工作，李娟都30多岁了还没有结婚，这始终是父母心中最大的惦念。因为忙于工作，李娟患有严重的胃病和神经衰弱……如此多的痛苦和不安，都是因为李娟忙碌的工作引起的吗？其实，是因为李娟奔波的内心。李娟决定，从此以后简单地生活，感恩地面对自己所拥有的一切，不要因为奢望而失去更多的亲情、友情和爱情。

生活原本很简单，有些人却偏偏将其变得复杂。李娟虽然靠着自己的打拼得到了很多，如房子、车子、奢侈的生活，但是却失去了内心的安宁和平静。她的人生太复杂了，而且像蜗牛一样背负着沉重的壳，因而始终无法做到轻装上阵，减负前行。相比李娟，店主夫妻虽然只有这样一家简陋的路边小店，但是他们却生活得富足而安稳，因为他们有一颗对生活不奢求、不苛求的心。从现在开始，让我们也努力改变自己，简单地生活下去吧！

现代职场的人人心叵测，导致每个职场人士都因为钩心斗角变得疲劳不堪。如果我们每个人都能简单一些，对人、对事都常怀感恩之心，则不但我们的人生会变得更加轻松，整个世界都会因此而变得美好起来。

经营生活，不但需要充满智慧的头脑，也需要很多技巧的帮助。只要你能够怀有感恩之心，再辅以简单生活的技巧，让生活变得条分缕析、井井有条，你就一定能够改变自己的生活状态，让自己变得更加从容淡定。

学会遗忘，拥抱幸福

人的一生，不知道要经历多少人和事，才能最终画成一个圆。生活中，有些人看得开，活得豁达而又快乐。有些人看不开，总是郁郁寡欢，恨不得每天都眉头紧皱，就像全世界都欠他的一样。常常有人夸自己记性好，殊不知，记性好的人在学习中占优势，在工作中占优势，在生活中却并不占优势，反而是极大的劣势。生活不需要好记性，尤其是对于让人不高兴的事。在人际交往中，记性好的人常常记得别人的坏处，所以总是难以与人相处得很好。在夫妻生活中，有些妻子一吵架就是数落丈夫若干年前犯下的错误，这也是不好的。人非圣贤，孰能无过。宽容大度的人很少记得别人的错误，因为经常提起别人的错误并不能起到警醒的效果，反而有可能导致别人破罐子破摔。要想让身边的人学好向上，最重要的是要鼓励他、激励他，给他支撑的力量。

也许有人会说，痛苦太沉重，无法忘记。你要知道的是，你永远无法背负着沉重的过去前行。不管曾经多么伤心绝望，你最终都要振作起来继续前行。生活有一种神奇的推动力，不管你愿意与否，它都推动你继续朝前走去。所以，我们应该忘记过去，不管过去是荣誉还是痛苦。

以往的荣誉已经成为过去，它不再是你炫耀的资本，所以无须挂在嘴上；以往的痛苦已经成为历史，沉淀为你人生宝贵的经验，无须把漫长的人生都用于缅怀过去。所以，忘记过去吧，忘记那些让你不快乐的事情。山重水复疑无路，柳暗花明又一村。你唯有一切向前看，才能改变现状，获得幸福。

海燕原本生活得非常幸福，她与老公是大学同学，裸婚组成家庭，现在已经有了宝宝，一家三口其乐融融。然而，月有阴晴圆缺，人有旦夕祸福。如今，人的旦夕祸福已经不仅仅是指天灾人祸，而是生活的变故。一个偶然的机会，海燕意外地发现她老公居然和一个女同事暧昧不清。知道这件事的那一刹那，海燕觉得整个人都懵了，就像天塌下来了一样。她把这件事告诉了姐姐。姐姐问她："你想离婚吗？"海燕原本坚决要离婚，但是当姐姐问她孩子怎么办的时候，她沉默了。姐姐说："为了孩子，要不你就再给他一个机会。按照目前掌握的情况来看，他们应该只是精神上玩暧昧。"海燕哭泣着说："心都不属于我了，我还要他的臭皮囊有什么用？！"姐姐劝说她："你不要冲动。人，谁能不犯错呢？我知道你们之前感情很好，你为了他和家里都闹掰了，义无反顾地要和他在一起。如今这样，你肯定很难接受。但是，事情已经发生了，你要想好，你是想保全这个家，还是为了争这一口气。"海燕彻夜未眠，想了很久。她决定给老公一个机会，让他悬崖勒马，回归家庭。海燕想：不管怎么说，他只是和她逢场作戏的。我应该学得聪明一些，不能把好不容易培养出来的果子便宜了别人。

然而，很多事情想想容易，做起来很难。海燕原谅了老公，却已经失去了对老公的信任。以前老公说忙工作深夜才回家，她也从不担心，现在呢，只要老公没有准点下班，她就会胡思乱想。尽管她想控制自己，然而，信任的重建太难了。每当海燕被怀疑快要折磨疯掉的时候，她就会对老公冷嘲热讽："我为什么不信任你，难道你不知道原因吗？我不信任你能怪我吗？你为什么不问问你自己都做了什么？"就这样，和好的一年多里，海燕无数次旧事重提。最后一次吵架，她老公绝望地说："之前是我错了，我对不起你，我也承认错误了，你还要怎么样？既然你不想原谅我，也不要勉强，咱们离婚吧，省得你天天拿那件事情说事。"听到离婚两个字，海燕心如刀绞。她不知道，她与老公裸婚在一起，生活到今天，为什么会这样。

生活中，有很多男人都像海燕的老公一样犯了错误，他们之中很少有真正想要离婚的，只是逢场作戏，却最终假戏真做。这件事情的起因就是海燕老公的出轨，也许很多女人都能为了成全家庭而容忍这件事情，包括海燕，也在姐姐的劝说下选择了原谅。然而，对于她这样一个认定爱情应该纯粹和精神至上的人，真正的原谅很难做到。那件事情就像鱼刺，卡在她的喉咙上，吞咽不得，也吐不出来。这里要奉劝所有的男人，珍惜与你同甘共苦的老婆，不要随便就对不起那份信任和托付。当然，海燕既然选择了原谅，也应该选择遗忘。只有把那件事情彻底遗忘，她与老公才能回到之前的幸福生活。一次次地提起，就像一次次揭开一道永远无法愈合的伤疤，伤了自己，也让老公渐渐疲惫。

生活，需要我们学会遗忘，轻装上阵，拥抱幸福。

变得宽容，就能减少抱怨

生活中，为什么有些人很快乐，但是有些人却常常闷闷不乐？快乐，是一种积极乐观的心理状态，大凡快乐者，一定能在生活中找到最佳的平衡，让自己获得心灵的宁静。郁郁寡欢者，大多数都心绪不宁，无法在利益得失之间找到平衡。还有很多人，一遇到问题就抱怨连天，这样的抱怨非但不能解决问题，而且会给自己或者身边的人带来烦恼。抱怨就像一剂毒药，使一切问题都越来越复杂，更加无法解决。其实，任何问题都是一分为二的，很多时候，看起来是坏事，也许改变看法和思路，就会产生积极的效果。重要的是，我们要调整好自己的心态，以最乐观的态度生活。举例而言，如果公司突然停电，会对解决问题有帮助吗？除了积极的报修之外，在等待的这段时间，假如你一直在抱怨，那么，会对解决问题有帮助吗？与其抱怨，不如改变心态。趁着停电的时候，和同事一起喝杯咖啡，或者做做工间操，休息休息眼睛，都是不错的选择。也许，你一天的心情都因为停电的空闲，变得好起来了。

要想少抱怨，除了一分为二看问题之外，我们还应该让自己变得宽容起来。很多抱怨，是因为我们不宽容别人、不宽容自己导致的。唯有宽容，我们才能以平和的心态对待生活。一旦你的心态变得宽容平和，在遇到问题的时候，你就不会只想着推脱责任，而是积极地寻找解决问题的方法，让自己学会处理问题。问题解决了，迎来皆大欢喜的结局，你还会让抱怨困扰自己吗？归根结底，抱怨不能解决问题。就像一位名人说的，生活中不是缺乏美，而是缺乏发现美的眼睛。

伍登是美国著名的教练，他的经历，堪称传奇。在他的篮球执教生涯中，伍登带领加州大学洛杉矶分校总计赢得10次全国总冠军。这个成绩非常伟大，也因此使伍登成为最称职的篮球教练之一，这是大家所公认的。

记者问伍登："伍登教练，您为什么看起来总是积极乐观呢？"

伍登快乐地说："我每天晚上入睡之前，都会微笑着告诉自己，我今天的表现很棒，我明天的表现一定会更棒。"

"就是这句话的魔力吗？"记者怀疑地问。

伍登毫不迟疑地回答："就这句话？要知道，我20年来每天晚上都在说这句话。这句话看起来不起眼，但是坚持20年就能创造奇迹。任何事情都是这样，必须持之以恒才能创造奇迹。如果只说三两天，即使是长篇大论，也毫无效果。"

不管是对篮球，还是对生活，伍登都非常积极。

有一次，伍登和朋友一起驱车去闹市，面对堵车，朋友抱怨连天，伍登却欣喜地说："这里真热闹，看起来很棒。"

朋友纳闷地问："这里堵得严严实实，你居然觉得棒，你到底是怎么想的？"

伍登自然而然地说："当然很棒啊，即使我觉得糟糕，像你一样抱怨，堵车也不会改变。相反，我心里的确觉得这里很棒，人气这么旺盛。"

很久以前，有个老婆婆。她一生之中养育了两个女儿，大女儿家是卖伞的，二女儿家是卖鞋的。女儿们都很孝顺，让人惊讶的是，老婆婆常常哭泣。

一天，艳阳高照，不知情的邻居问老婆婆："婆婆，你为什么哭啊？"婆婆哽咽着说："天气这么好，我大女儿家的伞很难卖掉啦！"又一天，电闪雷鸣，瓢泼大雨如约而至，邻居问："婆婆，这么大的雨，你大女儿家的伞肯定被抢购一空啦！你该高兴了吧？"婆婆一边抹眼泪，一边说："有什么好高兴的，这个鬼天气，我二女儿家的鞋子肯定不好卖了。"邻居听了婆婆的话，苦笑着说："老婆婆啊，晴天你哭，雨天你也哭。你为什么不能换个角度想问题呢？雨天的时候，你大女儿家的伞销售一空；晴天的时候，你二女儿家的鞋子很好卖，两个女儿不管晴天雨天都有钱赚，这是多么让人高兴的事情啊！"

邻居的话一语点醒梦中人，从那以后，老婆婆不管晴天还是雨天都很高兴。

伍登，之所以能够夺冠10次，就是因为他有积极乐观的心态。他对篮球很乐观，对于生活也拥有同样乐观的态度。第二个事例中的老婆婆，因为换了个角度想问题，从每天都不开心，变得每天都很快乐。这就是生活的写照。生活中，有很多事情都是这样的。所以，我们与其抱怨连天，不如积极地想办法解决问题。这样，我们才会拥有快乐的生活。

有人说，生活就是一面镜子。的确，你给生活抱怨，生活就会回报你更大的抱怨。你给生活快乐，生活才会回报你快乐。

心境简单，一切就不再麻烦

生活中，我们常常看到两种人。一种人，把一切都想得很美好，简单而又单纯，虽然常常吃点儿小亏，却始终乐呵呵的，依然一如既往地帮助别人。还有一种人，把一切都想得很复杂，原本简单的事情也变得无比繁复，原本简单的朋友也变得心思细密，于是，他的生活变得非常复杂，快乐渐渐远离他，他终日皱着眉头，似乎苦大仇深。你想当哪一种人？也许在选择的时候，很多人都会毫不犹豫地选择成为第一种人，毕竟没有任何人和快乐有仇，然而，真正在生活中，有相当多的人都成为了第二种人。其实，要想成为第一种人，只要我们调整自己的心态就好。人之初，性本善，我们应该怀着善良的心去揣度别人，别人才会以善良之心对待我们。这样一来，人与人之间的关系就会变得简单而又美好。

除了上文所说的性格导致的复杂之外，生活中，越来越多的人陷入了物质的复杂。很多人不知道幸福是什么，所以盲目地以有钱、有权为标准定义幸福。甚至有人说，幸福就是住大房子、开好车。如果幸福的标准如此之低，那么为何还有那么多人苦苦追寻幸福而不得呢？美国著名心理学家戴维·迈尔斯和埃德·迪纳经过研究证实，财富是一种非常差的衡量幸福的标准。随着社会财富的增加，大部分居民都没有如愿以偿地获得幸福。相反，在很多国家，幸福与否和收入的多少并没有太明显的相关性。只有当人贫穷得无以维生的时候，财富的作用才能够得到凸显。然而，事实证明，即使是贫穷国家，居民的幸福指数也并不比发达国家低。由此可见，幸福，更多的是来源于人们的内心。因为人的欲望是永无止境的，所以，现代社会的我们，不能被欲望驱使，成为欲望的奴隶，否则就会永远与幸福失之交臂。相反，我们应该学会控制自己的欲望，降低自己的欲望，从而把对生活的要求由复杂变得简单，最终获得幸福。对于生活，对于欲望，心简单，一切才会简单，幸福才会唾手可得。

很多人会觉得，简单生活就像苦行僧一般，简单的心，简单的生活，了无滋味。其实不然。人，终其一生，得到的只是一种感受——幸福的感受、痛苦的感受、快乐的感受、烦恼的感受、百味杂陈的感受。因此，不管是心简单，还是生活简单，都不会使我们的感受简单。区别只在于，一切都简单了，快乐也就更多了。心简单了，不再为一些琐事烦恼，我们才有更多的时间做更美好的事情，感受更美好的快乐。

心简单，一切简单！

第10章

坚强些，因为在命运面前你的软弱一无是处

生活中，我们经常强调意志力的重要性，其实，一个人跌倒并不可怕，可怕的是跌倒之后爬不起来，尤其是在多次跌倒以后失去了继续前进的信心和勇气。因此，我们不管经历多少不幸和挫折，内心依然要火热、镇定和自信，以屡败屡战和永不放弃的精神去对付挫折与困境。然后，你会渐渐强大起来。

收起你的软弱，它一无是处

现代社会，不但生存压力越来越大，职场上的竞争也日益激烈。如果说金庸的武侠小说里武林高手云集，那么现代职场上也同样是高手如林。虽然每个行业的强者所擅长的领域并不相同，但是强者都有一个共同特点，那就是从不示弱。他们总是表现出无畏的品质，让对手闻风丧胆，缴械投降。很多情况下，有些人虽然能力很强，工作态度也严谨认真，最终却输得一无所有，并非是因为他们不够优秀，而是因为他们过于软弱。从这个意义上来说，他们并没有输给对手，而是输给了自己。

如果你想要傲然屹立于天地间，你想要打拼出属于自己的舞台，你应该藏起软弱。表现出软弱，大多数情况下并不能帮助你赢得同情，而只会使你威风扫地，别人反而士气高昂。要成为强者，首先应该让自己拥有强大的内心，这是基本条件。真正的强者，泰山压顶而色不变，始终淡定从容。心理上的强大，让人们拥有生命最神奇的力量。面对人生的诸多坎坷和挫折，这种力量能够帮助他们更加从容坦然、更加淡定自若。强者，在获胜的时候从不得意忘形，在失意的时候也从不绝望沮丧。他们的气度，使他们能够做到宠辱不惊。

真正的强者，是满怀自信的。自信，是人生中最伟大的力量，能瞬间让一个卑微者变得高大，也能瞬间让一个怯懦者变得勇敢。如果没有自信，我们就会失去顶天立地的脊梁。而软弱，恰恰是自信的天敌。从现在开始，就收起你的软弱吧，你的人生不需要它的存在。

有一个女孩从小就很喜欢跳芭蕾舞。一直以来，她最大的梦想就是能接受专业的训练，成为一名真正的芭蕾舞者。不过，她有些不够自信，很想弄明白自己是否真的具备芭蕾舞的天赋。因此，当得知有个芭蕾舞团的团长来到城市进行巡演时，她特意跑去求见这个团长，想验证自己是否能够在芭蕾舞的表演上有所成就。

团长要求女孩跳一段舞，女孩欣然应允，开始全心投入地表演。然而，女孩刚刚跳了几分钟，团长就打断她的表演，说："我想，你并不具备成为一名优秀的芭蕾舞者的潜质。"团长的话让女孩万分沮丧，她满怀绝望地回到家里，生气地把舞鞋扔到床底下，再也不想跳芭蕾舞的事情了。从此以后，她收起心来，和大多数女孩一样按部就班地结婚生子，找了一份普普通通的工作。

几年后的一天，女孩听说有芭蕾舞团来表演，赶紧兴冲冲地买了门票前去观看表演。出乎她的预料，原来这个来表演的芭蕾舞团就是当年宣布她没有芭蕾表演天赋的团长带领的。因而，当在门口碰到团长时，她提起几年前的事情，与团长聊了起来。她疑惑地问："团长，我有件事情始终想不通。当时，我只跳舞几分钟，您就说我不具备成为优秀的芭蕾舞者的潜质，您究竟是如何在那么短的时间内做出判断的呢？"团长想了想，才恍然大悟地说："哦，原来你是因为这个才放弃芭蕾舞学习的呀！其实，我对于每一个在我面前表演的芭蕾舞学习者，都会这么说。”女孩大吃一惊，喊道：“您知不知道，您的一句话完全改变了我的命运。也许，我原本可以成为一名非常优秀的芭蕾舞者呢！”团长看着震惊的女孩，淡然地说：“我并不认同你这句话。其实，你命运的改变，是因为你心底的软弱。假如你真的那么喜欢芭蕾舞，真的对在舞台上表演芭蕾舞梦寐以求，你一定不会在意我的话。真正的芭蕾舞热爱者，即使全世界的人都说她不适合表演芭蕾舞，她也会一如既往，一往无前。”

这个女孩的命运，因为团长漫不经心的一句话，彻底改变了。但是团长说的没错，改变她命运的，并非是团长的话，而是她自己软弱怯懦的心。在人生的路上，我们一定要坚守自己的梦想，不要因为任何外界的原因，改变自己的心意，更不要因为他人随随便便的一句话，就放弃自己的目标。

每个人从诞生之日开始，就经历过千军万马的厮杀，因而每个人从呱呱坠地开始，就是独特的获胜者。在每个人的眼前，生活的画卷都绚丽地铺开。但是，为什么有的人始终秉持强者的本质，有的人在生存的过程中却越来越软弱畏缩呢？外界的原因固然起到一部分作用，但是人们内心的强大与否才能起决定作用。为了我们的梦想，为了我们的人生，我们必须抛弃软弱，勇往直前。

周国平曾经说，被失败阻止的追求是软弱的追求，它的力量是有限的，被成功阻止的追求是浅薄的追求，它的目标是浅薄的。的确，除了我们自己之外，没有任何人能够阻挠我们实现梦想，追求人生。除了你心甘情愿地放弃人生梦想之外，没有任何人能够改变你人生的命运。

失败给予我们什么，完全取决于我们对待它的态度

从古至今，每个人都在争取成功。然而，大多数人在失败的绝望中放弃了努力，只有少数人一直坚持到最后，让失败孕育出成功。细心的人会发现，即使是伟人的成功也不是一蹴而就的。相反，伟大的人之所以能够取得如此骄人的成绩，恰恰是因为他们承受了更多的失败。在人的一生之中，每个人都会遇到很多次失败，越是渴望成功，尝试着获取成功，失败的次数就越多。这正印证了人们常说的那句话，失败是成功之母。只有不断地从失败中汲取经验和教训，提升自己的能力，才能最终获得成功。

失败是成功之母，这句话是真理。很多人在追求成功的道路上，最害怕面对的就是失败。其实，失败没有那么可怕。如果不是一次次失败，居里夫人不会发现宝贵的镭，为全人类造福；如果不是一次次失败，毛主席不可能带领全国人民赶走侵略者，成立新中国……从小的事情来说，没有一次次尝试，婴儿无法独立行走；没有一次次牙牙学语，婴儿永远也无法掌握语言的技巧；如果没有一次次失败，你甚至无法学会骑单车……不管是伟大的人生，还是平凡的人生，不管是伟大的成

就，还是小小的收获，都是从一次次或大、或小的失败中提炼出来的。面对失败，只要我们摆正心态，失败就能成为我们进步的阶梯。反之，如果你失败一次之后就萎靡不振，那么失败就将成为禁锢你的牢笼。失败给予我们什么，完全取决于我们对待它的态度。所以，我们首先要做的是调整好自己的心态，以积极乐观的态度面对失败，这样，我们才能离成功近一步，再近一步。

每个人要想获得成功，都要不断地努力奋斗。失败，恰恰是奋斗的伴侣。在奋斗的路上，每一次突如其来的打击，每一次意料之外的挫折，都是失败的化身。面对这些，知难而退只会导致我们彻底失去成功的机会，只有迎难而上，继续尝试和努力，才能帮助我们离成功近一点儿，再近一点儿，直至最终获得成功。

很久以前，这个世界上没有电灯。每当夜晚来临的时候，人们就会点燃蜡烛、煤油灯照明，在昏暗的灯光下，度过漫长的夜晚。为此，爱迪生非常苦恼，他想发明一种持续发亮的、经久耐用的灯泡，让人们的夜晚不再黑暗。

1877年，灯泡的实验开始之后，爱迪生试过很多材料。他先是使用一种炭条进行试验，但是炭条太脆弱了，不能作为灯泡的材料使用。后来，他又尝试金属材料，诸如钌和铬等，然而，它们虽然能亮起来，却只能维持短短的几分钟时间，就会被烧毁。在一次又一次的失败中，爱迪生并没有气馁。他始终在坚持尝试各种材料，失败了再来，失败了再来。即使别人嘲笑他在白日做梦，他也毫不在乎。后来，他终于发现了碳化棉签，将其作为灯丝，可以维持45个小时左右。尽管这样，爱迪生还是兴奋不已，要知道，从几分钟到45个小时，这可是巨大的进步啊。实验进展到这一步，他仅对植物材料就已经足足尝试了6000多次，这需要多么强大的内心和顽强的毅力才能坚持啊！

经历过这次小小的喜悦，爱迪生再次开始进行了灯丝实验。直到1908年，爱迪生终于发现了适合用作灯丝材料的钨丝。他欣喜若狂，钨丝不但能够长期使用，而且能发出非常明亮的光芒，简直是用作灯丝的不二之选。时至今日，电灯已经走进了千家万户，可以说，是爱迪生给世界带来了光明。

爱迪生为了灯泡的问世，付出了常人难以想象的艰辛努力。仅植物材料，他的碳化实验就达到了6000多次。除此之外，他还进行了无数次关于矿石和金属的实验。在找到钨丝之前，他肯定也已经忘记了自己到底经历过多少次失败，他唯一没有忘记的是，失败了，换一种材料，继续实验。正是因为有着如此执着的精神，有着面对无数次失败也毫不气馁的顽强毅力，爱迪生才能最终发明灯泡，为全世界带来光明。

失败并不可怕，重要的是，我们必须从失败中得到成长。只要你还在失败，就说明你没有放弃努力，这恰恰是你走向成功的必由之路。

把别人的轻视，变成鞭策自己的动力

“这世上只有一件事比被人议论更糟糕，那就是不曾被人议论过。”王尔德如是说。诚然，在人生的路上，每个人都曾受到别人的轻视，或有心或无意，对那些缺乏自信的人来说，轻视是对他们的一种藐视，是一种阻力，很多人就此萌生退意。然而对那些永不放弃梦想和希望的人来说，这种轻视，无疑会变成一种鞭策自己更加努力的动力。

俗话说，“道不同，不相为谋”。如果对方与人交往的目的是想捞取个人好处，若因你对他没有利益，他就轻视你，如此趋炎附势、阿谀献媚的人，你最好不要与他相处。如果你不得不与这种人打交道，或者他是你的朋友，或者他和你是同事，你最好想办法远离他。

当你暂时无法摆脱这个人的冷眼相待时，你也大可不必灰心丧气，你可以关注一下这个人到底是怎么为人处事的，尽量避免和他发生冲突。如果自己有什么潜力可挖，就尽量发挥自己的长处，把个人闪光的一面展示给大家，提高自己的威信，也许这个人会渐渐改变对你的看法。

有时候，微笑和鼓励不一定是好事，轻视或打压也未必是坏事，只看你是以怎样的心态去面对和承受这一切，若你能够将别人的轻视转变为成长的力量，那才真正证明了你的成熟。

失败有时比成功更有意义

一直以来，人们习惯于把鲜花和掌声献给成功者，认为这是对成功者最大的认可和赞赏。殊不知，不仅仅成功者应该得到鲜花和掌声，失败者也同样应该得到人们毫不吝啬的赞美。很多人之所以失败，并非因为他们不够努力，而是因为他们勇于创新、努力尝试。就像丑和美总是相对的，失败和成功也是相对而言的。如果没有失败，人们就不可能获得成功；如果没有失败，这个世界上也不会有那么多的发明创造。尽管人们本能地害怕面对失败，但是人生却不可避免地与失败如影随形，越是充满创新和创造力的人生，也就需要面对更多的失败。如爱迪生发明电灯，为了寻找到最合适的灯丝材料，他足足尝试了一千多种材料，进行了七千多次实验，最终才成功发明电灯。如果没有爱迪生这么多次失败的尝试，人类又如何得到光明呢！因而爱迪生的失败是值得我们每个人尊重的，也是伟大的失败。从这个角度而言，失败甚至比成功更有意义，因为它是成功的推动力，能够让我们最大限度地接近成功。

哈莉·贝瑞是一名黑人，也是好莱坞的著名影星之一。从17岁开始，她就获得光环与荣耀，得到了让人瞩目的成就。在2001年的第74届奥斯卡金像奖颁奖典礼上，她凭借在电影《怪物午宴》中的表演，获得了“最佳女主角”奖，自此改变了奥斯卡没有黑人影后的历史。就是如此幸运的她，也没有继续一帆风顺下去。在2005年的第25届金酸梅电影奖的颁奖仪式上，她因为在《猫女》中的表演，被评为“最差女主角”。在好莱坞历史上，她是第一个亲自接受这次颁奖的好莱坞女星。从此，哈莉·贝瑞的演艺生涯从巅峰跌入低谷，然而，她并没有因此而沮丧绝望。

在人生的巅峰，哈莉·贝瑞不曾得意忘形，同样的，在人生的低谷，哈莉·贝瑞也没有一蹶不振。在她心里，就像海浪有波峰与波谷一样，人生也同样有起起落落。面对人生的低谷，她勇敢地站起来，接受崭新的开始。颁奖仪式之后，记者问她：“你为什么要亲自来领奖呢，难道你不怕出丑吗？”哈莉·贝瑞坦然地笑着说：“作为一个演员，我既要接受观众的赞美，也要接受观众的批评和指责。既然我能高兴地接受奥斯卡的小金人，那么我也就应该从容地亲自接受金酸梅的奖杯。”当有人邀请哈莉·贝瑞留言时，她写道：“只有做一个好的失败者，才能成为优秀的成功者。”

很多时候，生活并不是一帆风顺的，因为我们既能够享受成功的喜悦，也经常会遭遇失败的痛苦。殊不知，失败与成功是一对孪生兄妹，任何时候它们都如影随形，有成功的地方也一定会出现失败的身影，同样的道理，假如我们能够悦纳失败，也就不愁成功不至。

生活总是反复无常，也许会给予我们太多的惊吓，然而如果不能坦然面对失败，又如何能够承受成功的惊喜呢！不管在哪个领域，我们都很难一次性获得成功，只有坦然接受失败，也从失败中汲取经验和教训，让失败成为成功的推动力，我们才能距离成功越来越近。在给予成功者鲜花和掌声的同时，我们更要坦然接受失败，也要给予失败者慷慨的激励，唯有如此，我们才能踩着失败的阶梯不断前进，最终获得成功。

越挫越勇，坚定不移地面对人生

人生途中，不管是对于生活，还是对于工作，每个人都难免要遭遇坎坷和挫折。假如我们每当遇到不如意，就马上怨天尤人，则我们无论如何也无法坦然接纳这些不顺，最终导致自己的心情也郁郁寡欢，甚至使事情更加朝着相反的方向发展。那么，面对人生的风雨泥泞，我们应该怎么做才能获得最好的结果呢？那就是不排斥、不抗拒。我们必须意识到，坎坷与挫折是人生的常态，就与幸福和快乐一样，它们也理所应当得到我们的认可和接纳。否则，我们就会陷入自己的心魔之中，自己囚禁住自己。

很多身患癌症的病人之所以能够奇迹般地痊愈，或者与癌细胞和谐共生，就是因为他们不再一味地抵抗癌细胞，而是能够发自内心地接纳癌细胞的存在。很多情况下，其实伤害病人身体的并非是疾病本身，而是与疾病对抗产生的诸多负面情绪。一旦我们想通了，不再因为无法改变的疾病自寻烦恼，而是快乐地度过人生的每一天，我们就能摆脱烦恼，安然享受生活。同样的道理，面对生活中的挫折和坎坷，认输和退缩显然是不可取的，而一味抱怨与对抗也不是好对策。我们应该怀着一颗永不言败的心，把苦难和挫折当成是人生的常态，以平常心对待之，才能更加坦然自若地面对生活，也不至于因为那些负面情绪影响自己的心境，导致更多的不如意。

尤其是面对失败时，与其一味沉浸在失败的痛苦和沮丧之中，不如斗志昂扬，越挫越勇。只要我们更加坚定不移地面对人生，就能最终战胜失败，也给予人生柳暗花明又一村的幸运。

史泰龙从小就生活在一个不幸的家庭里，他的父亲是个赌棍，一有不如意就会拿妻子和儿子撒气。他的母亲为了泄愤，也变成了一个酒鬼，常常把史泰龙打得鼻青脸肿。正是这样恶劣的家庭环境，最终使史泰龙也学无所成，离开学校变成了一个小混混。直到20岁那年，整日无所事事、游手好闲的史泰龙突然醒悟："我这样和父亲有什么区别呢，只是社会的渣滓而已。我必须改变自己，我要成功！"从此之后，史泰龙痛下决心，一定要活出个模样来！

然而，史泰龙学无所成，不可能成为白领，按部就班地工作，又没有资金支持，也无法经商。思来想去，他觉得演员既不需要高学历，也不需要投入资金，而且一旦成功还能功成名就，因而他当即决定要成为一名演员。对于从未受过任何表演训练，也无天赋的他而言，想要成为演员路漫漫其修远兮，需要付出极大的努力。然而既然下定决心，他就不再犹豫，而是立志勇往直前。

很快，史泰龙来到了好莱坞，寻找各路明星和知名导演，以及制片人等，想在他们的推荐下成为演员。事情并不像他想象得那么容易，他一次次被拒之门外，却从未放弃过。他努力寻找自己失败的原因，把每一次遭遇拒绝当成是历练。转眼之间，他带来的盘缠都用光了，生活也陷入困顿，他不得不依靠在好莱坞做零工养活自己。在短短两年的时间里，他被拒绝了成百上千次。他渐渐感到绝望，却依然不忘初心，他暗暗告诫自己：“我必须努力，必须成功！”最终他想出了一个迂回曲折的办法，即先写出一个剧本，等到导演看中剧本之后，再要求自己当主演。原本对于演艺圈一窍不通的史泰龙，在两年多的历练中渐渐具备了写剧本的能力，然而在他拿着历时1年多才写好的剧本四处向导演推销时，等待着他的依然是无休止的拒绝。在他遭遇无数次拒绝的某一日，一个曾经对他说了20多次“no”的导演，终于被他感动，决定给他一个机会证实自己。

最终，史泰龙出演的第一集电视剧，就在美国创造了最高的收视纪录，从此他一炮走红，成为举世皆知的好莱坞影星。

史泰龙之所以能够在被拒绝无数次之后依然获得成功，原因就是他从未因为被拒绝感到气馁，也没有因此使自己的整个人生都沉沦下去。相反，他越挫越勇，始终不忘记自己最初的梦想，坚持行进在完成梦想的路上，有着让人钦佩的勇气、决心和毅力。也正因为踩着失败的阶梯不断向上，他的努力最终才能获得回报，他也成为了一名大名鼎鼎的好莱坞明星。

朋友们，人生之中遭遇失败是很正常的，我们唯有端正态度对待失败，才能在失败到来时，毫不气馁，更不沉沦，而是鼓起勇气再次努力，争取获得成功。否则，假如我们一旦遇到失败就沉沦、止步不前，则我们的人生永远也无法得到成功的青睐。总而言之，失败不可怕，只要我们有一颗永不言败的心，我们就能战胜失败，在人生的路上勇往直前！

第11章

希望是生命的动力，请永远不要失去它

自古至今，大凡成功者，无不具备一项品质，那就是拥有不被打倒的意志力。他们总是满怀希望，因此，即使他们跌倒了，他们还是会爬起来，跌倒100次，他们会爬起来100次，终有一天，他们取得了胜利的果实。的确，对于任何人来说，每一种创伤，都是一种成熟，无论是成长还是成功，都离不开失败的历练，跌倒了并不可怕，关键是我们要在心中种下希望的种子，只要你满怀希望，然后坚持下去，不可能也会变为可能。

失去什么，都不能失去希望

俄国著名作家特罗耶波尔斯基说：生活在前进。它之所以前进，是因为有希望在；没有了希望，绝望就会把生命毁掉。从这句话我们不难看出，希望是生活前进的引航灯。如果没有希望作为指引，我们的人生就将迷失在茫茫的大海上，没有方向。生活，就是战胜一个又一个困难，就是不断地接受改变，坦然面对困境。如果心中没有希望，在面对坎坷不断的人生时，如何能够坚持下去呢？希望是暗夜里的星火，助我们燃起心中的灯，让我们在寒冷之中有着微温；希望是冬天里的一把火，让我们心中希冀着春的到来，告诉自己，冬天已经来了，春天还会远吗？希望是初春时节萌发的新芽，带着鲜黄与嫩绿，让我们在明媚的春日畅想灼热的夏风；希望是秋天枝头累累的硕果，让我们在丰收的喜悦中，畅想银装素裹的美景。没有希望，生活将会变得了无乐趣；没有希望，人将会变得毫无志趣。希望，是生命不可或缺的动力之源。

希望的能力，当我们深陷绝望的时候，会成倍地放大。美国作家艾默生说，希望如不是置身深渊的大海上，就绝不能展开其翅膀。对于绝望之中的人来说，希望就像光，指引他们奔向新生。如果没有希望的指引，他们无法从绝望的深渊中挣脱出来；如果没有希望的鼓舞，原本被绝望折磨得精疲力尽的他们，无法恢复奋斗的力量。希望是精神的食粮，能够给我们带来巨大的能量，让我们瞬间恢复生机勃勃。

凡事都有利弊，虽然希望的力量如此巨大，但是如果出现得不是恰到好处，也许会起到相反的作用。英国哲学家培根说，希望是很好的早餐，却是很糟的晚餐。我们应该在清晨随着太阳的升起燃起希望的光，指引自己在一天之中努力拼搏，向着心目中的理想奋斗。然而，却不能将其作为虚度一天的借口，在夜晚到来时才以希望安慰自己荒芜的心田。否则，希望就会像一剂毒药，在每个夜晚到来的时候消磨我们的斗志。

在一间病房里，住着两个病人。他们都病得很重，正在接受最后的治疗。这种治疗，非常折磨他们的身体，也折磨他们濒临绝望的心灵。一张病床靠着门口的位置，看不到窗户外的景色，只能看到窗户的上方透进来的一点点光。另外一张病床靠着窗户，视野非常好。门口的病人很羡慕靠窗的病人，因为靠窗的病人每天都能观赏到窗外的景色，他会告诉病友，“外面有一只特别漂亮的小鸟，拥有七彩的羽毛，还有漂亮的小嘴。”“树叶泛绿了，树干上还长出了小小的蘑菇。”“树枝间蜷缩着一只猫，猫儿懒洋洋地晒太阳，正在睡觉。”每天，门口的病人都根据靠窗的病人的描述幻想着外面的景色，想象得越美好，他就越嫉妒。他想：生活这么美好，我却无法欣赏，我一定要好好康复，尽情地欣赏美景。在靠窗的病人的描述中，他原本非常严重的病情，居然一天天好转起来。

一天夜里，靠窗的病人突然病情恶化，去世了。门口的病人虽然伤心，却也有着小小的窃喜。他向护士长申请，调到窗口的床上。然而，当他兴致勃勃地向外看时，不由得大吃一惊。窗外除了一堵光秃秃的墙壁和一棵枯死的老树，什么都没有。他的心陷入了绝望，开始怀念靠窗的病人向他描述的美景。

希望的力量就是如此强大，靠窗的病人有一颗善良的心，他在用美好的世界鼓舞自己，也鼓舞靠门口的病友。正是在他的鼓励之下，原本病情严重的病友一天天地好了起来。很多时候，希望其实不是别人给我们的。当深陷逆境的时候，我们要学会自己寻找希望，自己给自己希望。只有这样，我们才能帮助自己走出逆境、战胜困难。

聪明的人会在自己心里种下希望，即使外面是数九寒冬，大雪纷飞，我们心里也要温暖如春，充满希望。人生的希望永远指引着我们前进的方向，真正的希望就在我们心里，永不褪色。

满怀希望，才能坦然面对人生的窘境

在《肖申克的救赎》里，主人公安迪说："怯懦囚禁人的灵魂，唯有希望才能让我们感受自由。"这句话由身陷牢狱的安迪说出来，给人以深刻的启迪。希望是人生之光，一个人的人生假如没有希望，就会变得黯淡无光，也会陷入绝望的深渊无法自拔。毋庸置疑，命运总是充满坎坷和挫折，我们要想拥有精彩的人生，就只能以希望之光驱散人生的阴霾，也帮助自己坦然面对人生的困窘。

很多人面临人生的困境，或者哪怕只是小小的挫折，也会陷入绝望之中，沮丧颓废。殊不知，这恰恰是导致我们人生沉沦的罪魁祸首。实际上，没有人的人生会是一帆风顺的，那些强者之所以能够驱散人生的阴霾，战胜人生的困境，就是因为他们始终心怀希望，胸中有光明。心里有希望的人，就像是有了窗户，即便人生的大门紧闭，也依然能从窗户中得到阳光的照耀。由此可见，希望之于人生是多么重要啊，就像阳光之于我们一样。

作为一名精神病学专家，林德曼始终认为希望对于人生起到至关重要的决定性作用。为了证实希望的强大力量，1900年7月，林德曼独自驾驶小船朝着大西洋行进。他准备以生命为代价，进行一项有史以来绝无仅有的心理学实验：一个人只要心怀希望，满怀信心，就能使生理和心理保持健康。

大西洋波涛汹涌，环境恶劣，德国所有的人都在关注着林德曼横渡大西洋的壮举。在此之前，曾经有100多人先后试图驾船横渡大西洋，但是都失去了宝贵的生命，无一人生还。在对此进行研究之后，林德曼博士认为他们先在精神上崩溃，然后死于恐惧和绝望，而并非因为身体不能支撑。为此，他不顾亲朋好友的反对，决定以身试险，从而验证他的观点。

尽管预先对航行中有可能遇到的困难有了一定的设想，但是航行的艰难依然超出了林德曼博士的想象。在航行过程中，他不止一次地濒临死亡，不但运动感觉麻木，甚至眼前还出现了严重的幻觉，使他无法分清想象和现实。然而他意志坚定，每当感到绝望时，都会马上提醒和告诫自己："可怜的人，你想死在这茫茫大海之中吗？不不！只要坚持，只要有信心、有希望，我一定能够获得成功！"就这样，在对生的强烈渴望之下，林德曼居然经受住考验，获得了成功。在回顾这次航行经历时，他说："我坚定不移地相信自己能够获得成功，我浑身上下的每一个细胞都充满了希望。"林德曼横渡大西洋的经历向世人证实，只要满怀希望，就能充当精神支柱，也能支撑自己战胜困难，直至成功。

事实的确如同林德曼所言，很多人在人生之中之所以频繁遭遇失败，最终一事无成，并非是因为他们能力不足，也不是因为那些客观因素，最重要的是他们心中没有希望。没有希望的人生，就像是一叶扁舟航行在茫茫大海之上，却缺乏希望的指引，最终只能随波逐流，从精神到肉体都彻底崩溃。相反，假如能有希望的指引，那么无论多么漫长的历程，人们都能以顽强的毅力坚持下去，直到获得成功。这就是希望的力量。

希望是生命中的阳光，是我们内心深处的引航灯，也是一种坚持。唯有怀着希望之心，我们才能勇敢面对人生的一切艰难坎坷，既不抱怨，也不抛弃，更不放弃，就这样以巍然屹立的姿态面对人生，也找寻到通往人生的成功之道路。朋友们，心存希望，我们才有充满光明的未来！

敢想敢做，就不会与成功绝缘

心若在，梦就在，任何情况下，只要有梦想，只要有展开行动的决断力，我们就不会与成功绝缘。很多人之所以在生活中止步不前，并非命运亏待他们，而是他们自己不是抱怨，就是哭泣，从来也不知道应该主动地改变命运。记住，命运是牢牢把握在自己的手中的。只要你想改变命运，你就可以做到。还有些人因为瞻前顾后、杞人忧天，哪怕已经思虑周全，也依然不敢当机立断展开行动，最终白白失去了千载难逢的好机会，又懊悔不已。任何时候，任何情况下，只有敢想敢做，敢于创新和求变，才能取得成功，这是亘古不变的真理。愚蠢的人总是为失败找借口，而从不为成功找方法，他们还常常把一切原因都归咎于他人，而从不觉得改变自己才是根本之法。因而，我们必须改变思路，敢想敢做，从而彻底改变自己的命运。

乔布斯之所以能够创造传奇，一切都起源于他于1971年10月间从杂志上看到了一则报道。这则报道是关于“蓝匣子”的。很多人不知道“蓝匣子”是什么，实际上，“蓝匣子”是一种能够盗打电话的设备。因而，如果一个人拥有“蓝匣子”，理所当然就可以打电话不用付钱。

看到这个消息后，乔布斯兴奋不已。他暗暗想道：假如我拥有“蓝匣子”就太好了，我就可以随便给任何人打电话，而不需要支付任何费用了。但是，对于当年只有16岁的乔布斯而言，“蓝匣子”的技术显然太高深了。不过，乔布斯历来拥有敢想敢做、想到就做的雷厉风行的习惯，他当即开始准备行动。

为了整合资源和能力，乔布斯特意邀请沃兹尼克和他一起设计“蓝匣子”。沃兹尼克对电子产品也有着浓厚的兴趣，因此得到乔布斯的邀请之后，他们一拍即合，当即投入研发工作。毋庸置疑，乔布斯在设计“蓝匣子”时经历了无数次的失败。但是，他们的每次失败都启发了思路，因而使他们的创新理念更加先进。在历经千辛万苦之后，他们终于拥有了自己的“蓝匣子”。看着这个能免费打遍世界所有电话的“蓝匣子”，他们觉得欣喜万分。

为了改进产品，乔布斯还在“蓝匣子”上安装了自动启动的装置。这样一来，人们无须手动开关，只要开始拨打电话，“蓝匣子”马上就会开始运转工作。尽管“蓝匣子”不能在大范围内大力推广，但是却从此打开了乔布斯发明创造的闸门。从此之后，乔布斯在电子产品的研发上越发精进，直到苹果公司正式创立，乔布斯依然以疯狂的异想天开模式管理公司。虽然乔布斯的想法的确经常让人感觉莫名其妙，但是他却推动了全世界在信息领域的进步。

因为敢想敢做，乔布斯总是引领世界的潮流。在世界上第一台计算机诞生之日，他虽然没有意识到计算机的巨大商业价值，但却一心想要批量制造计算机，以便让每个人都能拥有属于自己的计算机。如此伟大的梦想，连惠普和IBM都不敢尝试，他却率先做到了。如今，乔布斯和他的“苹果帝国”，俨然已经成为不朽的传奇。

虽然我们不能成为乔布斯，虽然我们只是平凡而又普通的人，但是我们也有属于自己的人生事业，需要我们为之燃烧热情，为之不懈奋斗。任何在事业上获得成功的人，必然都是有魄力和有决断的人。一切好的想法如果只停留在设想阶段，就会变得毫无价值。所以，朋友们，让我们勇敢地想象，放开手脚去实干吧！不要让空想消磨你的意志，不要因犹豫不决错失你的机会。就像乔布斯所说的，“只要敢想，就无所不能。”我们还要说，敢想敢做，才能成功。

常言道，心有多大，舞台就有多大。任何情况下，即使我们的身体被囚禁，也不要禁锢自己的思想。现代社会很多人瞻前顾后，想到了不做，还有很多人是连想也不敢想。在这样的情况下，又谈何成功呢！记住，敢想敢做，你才能离成功越来越近。

始终不放弃希望，就一定能跨越失败

希望是漆黑夜晚中的一丝丝光亮，那光亮就在前方，只要我们勇敢地向前走，就可以触摸到它。希望是心中涌动的激情，是风雨不摧的自信，心存希望就会拥有未来。面对眼前的困境，请相信：这个世界根本没有真正的失败，只有暂时的不成功。只要你始终不放弃希望，你就一定能够跨越失败，走向成功。

高尔基曾经说过："太阳是幸福的，因为它光芒四射；海也是幸福的，因为它反射着太阳欢乐的光芒。"其实，希望的阳光可以穿透悲伤的黑暗，关键在于我们自身怎样去看待，怎样去把握。一个人只有心存希望，才会明白生活的意义是什么。

俗话说："留得青山在，不怕没柴烧。"这句话包含着深刻的人生哲理。向我们传达了一种"希望在，成功就在"的积极人生观。所有的不幸终会过去，有希望，才会有成功。

相信自己，人生就不会无路可走

沈兼士先生曾说：“当失败降临的时候，也是我们最应该感到庆幸的时候，因为我们结束了一条不可能走到尽头的路，从而回到了正确的轨道上来。”这句话告诉我们：人生的路再坎坷、再崎岖，只要我们的心仍然燃烧希望之光，就永远不会无路可走。正所谓“山重水复疑无路，柳暗花明又一村。”世间没有死胡同，就看你如何去寻找出路。正视困境，不在困难面前退缩，才不会让心灵荒芜，才不会无路可走。

霍金教授的身体状况众所周知。21岁的时候，他被确诊患有罕见的、不可治愈的运动神经病ALS，叫作肌萎缩性脊髓侧索硬化。1963年，医生说他只能活两年半，并且随着病情的恶化，他将失去所有的活动能力。然而，这种致命的打击并没有击倒霍金，他也并没有因为自己丧失所有活动能力而否定自己的价值。

霍金自称：“幸亏我选择了理论物理学，因为研究它用头脑就可以了。”霍金虽然不能用笔和纸工作，却因借助可用图形描绘在纸上的精神图像表达他的思想而得到补偿。霍金的方法使较传统的需要假说、实验和观测的科学方法更加直观。由于霍金无法发声，他只能借助声音合成器来发声，这一组合十分费力，所以他的演讲风格既简练又准确，没有其他演讲者频繁使用的矫揉造作手法和废话。

然而，霍金的体力和勇敢尚不及他的脑力、勇气。对于爱因斯坦关于宇宙创生的名言“上帝不掷骰子”，霍金的回答是：“爱因斯坦错了。上帝不仅掷骰子，而且有时候在看不见骰子的地方掷骰子。”在当时还有谁有胆量向阿尔伯特·爱因斯坦发起挑战？通过自身不断的努力，霍金克服了身体上的痛苦，做出了极其伟大的科学成果，他提出了黑洞理论，将理论物理学提高到了一个新的层次。为此，霍金被选入伦敦皇家学会——卡尔·萨根称之为“我们这颗行星上历史最悠久的学术组织之一”。在传统的授职仪式上，霍金忍受着身体的痛苦把他的名字添进其光荣榜上有艾萨克·牛顿的签名的书中。观众们屏住声息，直到霍金完成最后一个字母，然后热烈地鼓起掌来。

1979年，霍金被任命为卢卡斯数学教授——一个曾被牛顿获得的荣誉职位。

霍金的成功离不开他积极生活的信念，面对生命的不公平待遇，他永远都没有屈服，不会用一种绝望的心态对待自己的一生，所以他的人生不会因为疾病而走入死胡同。

假如命运折断了希望的风帆，请不要绝望，岸还在；假如命运凋零了美丽的花瓣，请不要沉沦，春还在。生活总会有无尽的麻烦，请不要无奈，因为路还在，梦还在，阳光还在，我们还在。人生没有绝境，很多时候，上帝在给你关上一扇门的同时，会为你打开一扇窗。人生没有让你绝望的路，只有让你绝望的心。“宝剑锋从磨砺出，梅花香自苦寒来。”磨难是获得成功的一种方式。不懂得在痛苦中丰富和提高自己的人，多半是懦弱的。当我们遇到种种挫折和问题之时，既不应回避，也不应沮丧，而应正视困境，多想办法，迎难而上，这样才能使自己与智慧结下缘分，让磨难铸就辉煌人生。

第12章

时刻完善自己，当你变成千里马自然会引来伯乐

哲人曾说，每个人都想成为世间最完美的精灵，然后幻化为人间至宝，畅游于大江南北。然而，作为凡夫俗子的我们，不可能完美，不过即便如此，我们依然要认识自身的不足，因为只有认识自我、接纳自我，并正视不足，我们才能克服和战胜它，命运就会向我们所期望的方向转变，即使人生最后不能完美，也能趋于完美。

与其羡慕他人，不如提升自己

常言道，这山望着那山高。不管是在生活中，还是在工作上，有很多人都有这样的心态。生活中的攀比心态，使我们总是盲目羡慕别人的生活，总觉得别人过得比我们潇洒，别人的生活都是幸福和甜蜜，只有我们的生活才苦大仇深、悲悲戚戚。这样的心态带到工作中，就导致了频繁的跳槽。很多人虽然仍在现在的岗位上，却常常觉得其他行业更轻松，不会像自己现在这么累；或者觉得别人工作挣钱都很容易，只有自己累得奄奄一息，却没有得到应有的回报。实际上，跳槽越频繁，工作的发展就越艰难。因为每次跳槽，都会损失一些人脉，也会把你在上一家公司的资历清零，意味着重新开始。

在我们的眼中，别人的家庭、工作处处都好，但是，他们真的如我们眼中那样了无烦恼吗？也许当我们和他们聊起来的时候，他们反而会羡慕我们呢！所以说，如人饮水，冷暖自知。我们首先应该做好自己，而不要盲目羡慕别人。

最近，丽丽很烦恼。当她和我说起自己的心绪时，我很惊讶：丽丽的老公是大学老师，丽丽在事业单位的财政部门工作，她还有个活泼可爱的儿子正在读幼儿园，家里的父母、公婆都是退休人员，无须他们负担。这样的生活，按说应该是非常安逸和幸福的，丽丽能有什么烦恼呢？不想，丽丽却愁眉苦脸地说：“哎呀，好什么好啊，我老公是个清水衙门，吃不饱也饿不死，每月按时按点地拿那点儿死工资。再说我自己，你不知道，虽然我有吃有喝，但是我们单位的其他女同事，尤其是和我一个办公室的张娜、艾米，人家生活得多么潇洒，每隔几个月就出国转悠转悠，买点儿名牌时装、化妆品、包包什么的，就好像国外是她们家的后花园一样。我呢，天天就三点一线，骑个破电动车。我们办公室现在就我没有车，其他女同事，最次的也开个科鲁兹。”听了丽丽的话，我扑哧一声笑了，说：“你和别人比什么呀，你家李老师脾气那么好，凡事都由着你说了算，你还不知足啊！你说说，你结婚之后吵过架吗？”丽丽白眼一翻，对我说：“得了吧，我倒是想吵架呢！他要是一个月挣个几万大洋回来，揍我几顿我也没意见啊！”我无奈地笑了笑，说：“你呀，就知足吧！嫌电动车破可以换辆新的呀，不想风吹雨淋，可以买个QQ啊！出不起国，咱们就国内溜溜弯呗，景色也不比国外差，你与其羡慕别人，还不如琢磨着怎么样在节约成本的情况下过好自己的小日子呢！”丽丽若有所思地点点头：“也是哈，咱们周边就有很多美景，抬腿就到！出国嘛，咱们做不到几个月一次，那就几年一次，带孩子开开眼界就够了！”

又过了1个多月，我们相约在咖啡厅见面，这次丽丽的情绪非常好。我不由得纳闷道：“丽丽，你和上次判若两人啊！”丽丽哈哈大笑起来，说：“这都要感谢你啊！你可是中国好闺密，三言两语就治好了我的心病。你知道吗？我们刚刚去了洛阳看牡丹，还去了龙门石窟。其实，我们是回老家看望公婆的，顺道多走了几百公里，去了趟洛阳。我和老李说好了，下次回济南去看我父母的时候，我们再去爬爬泰山，怎么样，一举两得吧！”我欣慰地笑了，说：“看看，这不挺好嘛！以前你总嫌弃两家老人离得远，这下子，你可有借口出去玩了，还能博得老人的欢心，多好啊！”丽丽说：“你说得太对了，这次我就是想去洛阳看牡丹，然后和老李说咱们去看公公、婆婆，老李屁颠屁颠地就请假带着我们出发了，现在还说我是中国好儿媳呢！”

看着眼前幸福洋溢的丽丽，我不由得也开始计划我的探亲兼旅游之旅。这时，丽丽又若有所思地说：“你知道吗，前几天，我们办公室的张娜，被他老公打了一顿，居然是因为一个‘小三’。你说说，她老公太过分了，直接和张娜说‘你过你的，我过我的，我供你钱花，你不许管我在外面的事情’。你想啊，哪个女人受得了啊！结果，争执的时候，她老公就动手了。现在想想，还是我家老李好，他再怎么生气，宁愿伤害自己，也不会伤害我的。”

对于幸福的定义有很多种，物质堆砌出来的幸福是最脆弱的。事例中的丽丽明白这个道理后，就再也不烦恼了。其实，很多时候，我们看别人的时候总是很羡慕，却不知道别人背后也有辛酸。

当然，这并不是说要让我们处处自以为是，再也看不到别人比我们强的地方。我们依然要学习别人的优点，弥足自己的缺点，但是，我们的目的是强大自己，而不是盲目羡慕别人。古人常说，与其临渊羡鱼，不如退而织网，说的就是这个道理。羡慕别人无法改变我们的生活，更不可能使我们进步，只有理智地学习，才能让我们变得更加优秀，更有资格获得幸福。

能不能遇到伯乐，要看你是不是千里马

《战国策·楚策四》中记载：“君亦闻骥乎？夫骥之齿至矣，服盐车而上太行。蹄申膝折，尾湛胕溃，漉汁洒地，白汗交流，中阪迁延，负辕而不能上。伯乐遇之，下车攀而哭之，解纻衣以幕之。骥于是俯而喷，仰而鸣，声达于天，若出金石声者，何也？彼见伯乐之知己也。”这段话的意思是说：你也听说过千里马的事吗？衰老的千里马，拉着装满盐的车艰难地往太行山上爬。它的蹄子吃力地踩着地面，非常僵硬，膝盖也因为用力而折断了，尾巴湿漉漉的，皮肤上满是溃烂的伤口，口水滴落到地上，汗水一滴滴地从身上滚落。马夫用鞭子狠狠地抽打它，它才勉强爬到崎岖的山路上，就再也无能为力了。伯乐看到这样的情形，下车抱着千里马痛哭流涕，并且把自己的衣服脱下来披到千里马身上。这时，千里马先是低头轻叹，随后仰天长啸，那声音就像金石碰撞发出来的一样，刺破天空。为什么呢？因为千里马知道自己遇到了知己，他就是伯乐。

在职场生涯中，无数人听得最多的话题，大概就是千里马与伯乐了。也许是过于自信吧，大多数职场人士都觉得自己是千里马，且寻寻

觅觅都没有遇到伯乐。这反映了大多数职场人士的心态。很多时候，我们觉得自己能力很强，而且在工作上的表现也非常出色，但是却始终没有获得相应的职位，我们将其归结于伯乐没有出现。伯乐为什么没有出现呢？难道真如古人所说：千里马常有，而伯乐不常有？其实不然。很多时候，伯乐并不是没有出现，而是没有发现我们。归其原因，我们表现得还不够优秀，不像一匹千里马。俗话说，是金子在哪里都会发光的。现代社会的信息流通如此之快，一个真正出色的人，肯定不会被埋没。所以，在我们抱怨伯乐还没来的时候，不如先反思一下自己。只有先自省，我们才能努力改进，让自己变得优秀起来。这样，也算没有浪费等待伯乐的时间。

小华从大学毕业就进入这家公司工作了，迄今已经4年时间。但是小华的工作目前还没有什么起色。他还在4年前刚刚进公司的职位上，做着相同的工作，既无大功，也无大过。对此，小华愤愤不平。他总是和好朋友凯文抱怨：“凯文，你说，我4年时间大学都能读毕业了，为什么在公司里一直就得不到提拔呢？”凯文问：“小华，你是不是得罪领导了？”小华连连摇头：“就我这好脾气，你觉得我会得罪谁呢？”凯文疑惑地说：“那不至于啊，你想想，你学历也够，资历也够，为什么得不到重用呢？这样吧，我有个朋友认识你那公司的一个负责人，改天我让他给你旁敲侧击地问问，看看你的上级领导怎么评价你。”

1个多星期过去了，凯文终于给小华打来电话。电话里，凯文说：“小华，你知道吗？你做梦也想不到你为什么不会被重用？”小华丈二和尚摸不着头脑，不解地问：“到底是什么原因，我真是想不明白。”凯文哈哈笑起来，说：“就是因为你谁也没有得罪过。你知道吗？其实你的顶头上司早就想任命你为小项目组的负责人，但就是因为你们经理说，你这个人，进公司4年来，表现虽然无可挑剔，但却一个人也没有得罪过。你知道他是怎么以此为借口拒绝提拔你的吗？他说你没有锋芒，而且脾气太好，是个好好先生，怕管不好别人呢！你要知道，一旦提拔你，你肯定会有下属。如果你一直像现在这样好脾气，如何管理团队呢！你可知道，你们经理历来主张严格管理团队。他觉得你脾气太好了。”

听了凯文打探来的消息，小华真的非常惊讶。原来，自己这匹千里马被埋没的原因，就是脾气太好了。后来，他冷静下来想想也是，如果把他提拔到小项目组长的位置，他还真是不好意思和现在的同事变成上下级的关系。不过，他必须改变这种局面了，他可不想一辈子生存在公司最底层啊！

后来的工作中，小华不再唯唯诺诺。每次开会讨论，他都积极发言，遇到不同意见，他也开始学会竭力为自己争取机会。后来，领导招来一个新人，让他当师傅带一带，他也可以做到恩威并重。果然，经过这段考察期之后，公司领导提拔了他。

千里马是什么？是一日千里的良驹。就像一只木桶，最短的木板决定这只木桶的容量，对于一个职场人士来说，要想成为千里马也不是那么容易的。只是勤奋踏实地工作，虽然工作上不会出错，但是未必适合从事管理。或者虽然很有才华，但是却桀骜不驯，也未必适合在团队中与人协调工作。就像事例中的小华，如果不是凯文帮他打听消息，他根本不会知道自己为什么没有得到提拔。我们也应该学着了解自己的优势和劣势，多多改进，这样才能早日成为名副其实的千里马。

自我反省，并不断完善和提升自我

在《旧唐书》中记载：“夫以铜为镜，可以正衣冠；以古为镜，可以知兴替；以人为镜，可以明得失。”这句话的意思是说，用铜镜，可以让自己衣冠整齐；用历史作为镜子，可以知道历朝历代的兴盛交替的规律；用人当镜子，可以知道自己做得好与不好的地方。作为一代明君，唐太宗李世民正是因为拥有谏臣魏征，才能带领国家进入贞观之治的鼎盛时期。所以，在魏征因病去世时，唐太宗才痛哭失声。作为天子的李世民尚且如此需要借鉴谏臣的经验，更何况是我们呢？作为普通人，我们有很多局限与短板，要想取得更好的发展，我们必须时刻自省，从谏如流。

眼睛只看别人，而看不到自己，这是人类在进化过程中遗留下的难题。为了解决这个难题，聪明的人发明了镜子。如果不是镜子，我们将一辈子都无法认识自己的模样。然而，我们只能通过镜子看到自己的长相，而无从知道自己的优势和劣势。既然古有唐太宗以魏征等谏臣为镜，那么我们也可以以其他人为镜，如长辈、亲友、同学、朋友。在工作中，我们还可以以同事为镜。现代职场竞争异常激烈，每个职场人终日忙忙碌碌，几乎无暇反思自己。那么，在平日的工作中，如果能够以同事为镜，观察同事在工作上的表现，从而延伸到自己身上，及时改进自身，那么日久天长，我们一定会更快地成长和成熟起来。

科学家经过研究发现，在诸多动物之中，只有智力最高的黑猩猩，知道从镜子里看到的是自己。想比之下，其他动物完全不知道看到的是自己。包括人类的婴儿，也要到两岁之后才能意识到镜子里的影像是自己。人类进化到如今高度文明的阶段，每个人都应该快速进步，以适应瞬息万变的时代。尤其是在职场中，每个人都拼尽力气往前冲，那么你也应该找到进步和完善自己的捷径，这样才能尽快成功。

在纽约市中心，有一幢高入云霄的大楼。大楼的主人每次都要花费很多钱维修电梯。原来，因为楼层很高，所以等电梯的人往往需要等很久。看到电梯一直也不来，他们总是猴急猴急的，有些人明明看到按钮已经被按过了，还是不甘心地要再按一下，过于心急的人甚至会接连按很多下。如此一来，电梯的按钮总是坏掉。为了改变人们的习惯，大楼的主人想了很多办法，甚至贴出告示，只要有人能够帮助乘坐电梯的乘客改变按电梯的习惯，不再徒劳地连续按动，损坏按钮，就给予奖品。人们想了很多办法都没有达到目的，最终，一名心理学家想出了一个好办法，轻而易举地就解决了这个问题。心理学家的办法很简单，即在电梯门上安装了一片镜子。如此一来，乘客们站到电梯门口时，就会从镜子里看到自己。改变发生了，原本站在电梯门前火急火燎的乘客们，如今只要站到镜子前，马上就变得温文尔雅，非常有礼貌。原来，他们看到了镜子里的自己。

人们总是这样，看别人很清楚，也能看到别人的优点和不足，但是看自己的时候，就只会放大优点，而根本意识不到自己的缺点。因此，以人为镜、深刻反省，并不断完善和提升自我，对每个人而言是十分重要和必要的。

勤于读书，让读书丰富你的心灵

古人云，读万卷书，行万里路。在古代，依靠人力去行万里路当然是了不起的大事。现代社会，交通工具如此发达，行万里路已经变得非常轻松。在走马观花的旅途中，我们也许开阔了视野，但是却没有更多的时间用心去感悟。那么，读书就显得尤为重要。即使你没有行过万里路，书籍也能带你畅游世界各地，让你足不出户就能开阔眼界，让你修身养性、平复心灵，让你虽然身居小处却有世界大观，让你言谈举止绝不凡俗……读书的魅力还远远不仅于此，读书的好处不是一朝一夕就能够显现出来的，而是要日积月累。所以，读书也不是一朝一夕的事情，而是朝朝夕夕的事情。闲来无事，与其看又臭又长的电视剧，让自己的大脑变得空洞乏味，无聊地哭哭笑笑，不如拿一本书，沏一壶茶，让自己淡然地品味书中的悲喜人生，纵观世界各地的风土人情。读书，丰富人的心灵，不读书的人灵魂已经干枯。

如果你观察一个爱读书和一个从不读书的人，就会发现他们两者的差异。一个爱读书的人保持着灵魂的浪漫，他看一切都是美好的，充满着希望和无限的灵性。和他交谈更是一件妙趣横生的事，虽然你走遍万水千山，他却没有走过，但是他完全理解你的感受，能够感同身受地体味你旅行途中的喜怒哀乐。你甚至怀疑，他是不是比你更了解世界，因为他的评论是那么深刻。面对一个不读书的人，你们可谈的就很少了。他的生活被禁锢在眼前枯燥乏味的、一日又一日的重复之中，毫无乐趣可言；他的目光非常短浅，让你根本无法和他继续交流；他仿佛生活在一个监狱里，眼睛只能看得到身边的一切。要想改变这一切，唯有让他读书，发散思维，开阔视野。我们面对一本好书，就像和一个聪明睿智的长者交谈。他带我们看世界，他用自己深邃的思想指引我们，他提升我们灵魂的格调，让我们神游其中而不自觉。书籍不但能够带着我们走到各地，也能引领我们去了解几千年前发生的事情，和未来几千年即将发生的事情。只有书籍，才能帮助我们在一天的24个小时里，足迹遍布世界各地，神思遨游上下几千年。不读书的人，是永远不会拥有这种奇妙感受的。

书籍的力量远远不限于此，书籍还能帮助我们进入思想的国度，带我们反思自身，反思社会。很多时候，我们不能客观评价自己，因为“不识庐山真面目，只缘身在此山中”。很多事情即使我们亲身经历过，也未必能够得出最佳的答案，因为我们置身事内，受到主观情绪和观念的影响。读书则不同，在书中，我们完全以一个局外人的身份来看待问题，我们看到了一件事情的概貌，而且是非常全面和客观的。我们将文字在脑海中转化为景象，这种景象比电视或者电影展现给我们的直观景象更富有想象的空间、更自由、更灵动。所以，我们从头到尾了解一些事情和一些人，在评价他们的过程中，我们也在反省自己，提升自己。因此，那些经典的书籍，都是能够把我们带进沉思的心境中的。它们不仅描述事情的开头和结尾，而且引导我们通过过程展开沉思。很多人觉得书籍不如电影、电视剧展现的画面生动，其实不然。你在读书的过程中，那些人和事的画面已经印刻在你的脑海中了，你完全可以得到毫不逊色于电影、电视的直观感受。

大文豪鲁迅从小就喜欢读书，他最喜欢做的事情就是买书、读书、抄书，把书当成心肝宝贝一样爱护。在读私塾之前，鲁迅在远房叔叔家里看到了没有图的《山海经》，这本书很长，里面的故事曲折动人。鲁迅完全沉浸在书中的世界里，照顾他的长妈妈看到他如此用心读书，也被感动了。鲁迅很想看有图的《山海经》，虽然长妈妈不识字，但是她想法设法地为鲁迅买到了这本书。看到鲁迅如饥似渴地读着，长妈妈高兴极了。这本书，是鲁迅第一本心爱的书。后来，鲁迅认识的字越来越多，他开始用自己积攒的压岁钱买书。

鲁迅爱读书，也很爱护书籍。每次买回新书，他都会仔细检查，一旦发现有污渍破损，就不辞辛苦地去书店换一本。那时的书都是线装的，容易掉页，他就自己再用针线缝一遍，有的时候还会把封面好好更换。这从小养成的好习惯，影响了鲁迅一生。鲁迅一生都在读书，读过的书不计其数。他买的书也非常多，仅仅1912年到1939年间，鲁迅就购买了9000多册书籍。鲁迅一生清贫，最大的财富就是这些珍藏的图书。也正因为如此，鲁迅才能成为举世闻名的大文豪。

这就是书籍的力量。人生短暂，我们不可能走遍所有的路，看遍所有的人，更不可能让自己经历所有的事情。读书，恰恰是丰富我们人生阅历的最好方式，也是最佳捷径。1996年4月23日，是首个世界读书日。平日里工作匆匆忙忙的你，有没有停下脚步，享受一本书带给你的世界呢？我们不应该把读书当成一件刻意而为的事，而应该把读书作为自己的生活方式。古人云，书中自有颜如玉，书中自有黄金屋。我们可以从书中获得很多，平和的心态、快乐的心境、深邃的思想、广博的知识……每个人都有自己热爱读书的理由，当生活的节奏越来越快，我们更应该让自己慢下来，用心读一本书。

学习新鲜事物，让你充满活力

新鲜事物，从绝对的意义上来说，就是以前从未出现或者从未发生过的事物。从狭义的角度来说，就是我们的生活和生命中，未曾出现或者经历过的事物。新鲜事物，也许是一件具体的物品，也许是一种全新的理念，也许是我们从未涉及过的领域，总而言之，就是所有从来没有接触或者尝试过的存在。如果把参照物设定为整个社会，那么新鲜事物是人人都未接触过的，如果把参照物设定为我们既有的经验和经历，那么新鲜事物也可能指的是社会上已经出现而我们还未曾感受的。新鲜事物，顾名思义，其中一定包含着很多更新的、合理的知识或者是技能，所以，面对新鲜事物，学习是必须的。

新鲜事物是推动社会前进的力量。新鲜事物的出现，人们从排斥抵触，到欣然接受，就标志着社会往前进了一步。大家还记得互联网刚刚出现的时候吗？对于这个虚拟的世界，很多人欣喜若狂地接受，也不乏有人将其视为洪水猛兽。如今，互联网已经完全渗透进我们的生活，大部门工作都要依靠互联网操作。再看看现在的购物模式。马云率领阿里巴巴团队开展网络销售的时候，大多数人对此持怀疑态度，如今，网络购物方便了无数人的生活，使整个中国，乃至全世界变成了一个巨大的市场。即使人在中国的一个小县城，也可以利用网络购买全世界的商品。从这个意义上来说，地球真正地变成了一个村。人在内蒙，可以吃到厄瓜多尔的白虾；人在云南，可以吃到新疆的羊肉串和葡萄干，甚至还有哈密瓜……如今，很多人已经到了离不开网络购物的程度，这距离网络购物刚刚兴起时的饱受质疑才过了多长时间啊！由此可见，人们接受新鲜事物的能力是非常强的。和别人的进步相比，如果你至今还排斥新鲜事物，那么你就落伍了。很多时候，新鲜事物除了给我们的生活带来便利，还能让你充满活力呢！如果你怀着包容和接受的心态面对新鲜事物，你就会发现，你的心态越来越年轻了，你也更容易和大多数人同步并且得到他们的认可了。

2008年年底，奥巴马在总统选举中一举得胜，当选第56届美国总统。据初步统计结果，奥巴马以297票的高得票，超过当选总统所需的270张选举人票。奥巴马是美国历史上的第一位黑人总统，奥巴马的当选有着重大的历史意义。其实，奥巴马之所以能够获得成功，和他有效地接受新鲜事物并且将其为自己所用，是分不开的。纵观美国历史，有很多总统都利用科技的力量，例如罗斯福为了安抚美国民众，开展“炉边谈话”，肯尼迪开展电视辩论，都离不开科技的支持。那么，奥巴马呢？他在社交网站推特上有了自己的账号，并且在短短的时间内拥有了数百万的“粉丝”。在此之前，没有任何候选人像奥巴马一样拥有这么多的粉丝，他们甚至不知粉丝是什么。正是拥有如此大量的粉丝，才使美国民众觉得奥巴马首先是一个非常平易近人的人，其次才是总统候选人。奥巴马的独特方式，使他一夜之间通过社交网络平台走进了每一位美国民众的心里，当选总统也就是理所当然的事情了。

和其他候选人比起来，奥巴马显然棋高一着，最让人敬佩的是，这种战术上的高超在网络科技上，是非常容易实现的。归根结底，奥巴马之所以成功利用科技的力量，是因为他敢于接受新鲜事物，并且真正学会了如何运用新鲜事物。

科技的发展日新月异，未来还会不断地涌现出更多的新鲜事物。作为现代人，我们千万不能墨守成规，排斥新鲜事物，而应该真正地张开双臂拥抱新鲜事物，不遗余力地学习新鲜事物。只有这样，我们才能与时俱进。

参考文献

[1]眷尔，孙玮.有些日子你总要自己撑过去[M].北京：北京时代华文书局，2017.

[2]张瀚文.在不如意的人生里改变自己2：按自己的意愿过一生[M].北京：中国纺织出版社，2017.

[3]汤木.你的努力，终将成就无可替代的自己[M].南昌：百花洲文艺出版社，2015.

[4]木子玲.我从来不信，这世间会无路可走[M].苏州：古吴轩出版社，2015.

[5]王斌.改变自己，缔造一切可能[M].南京：南京出版社，2017.